大数据科学研究丛书

# Web 大数据
# 处理与分析

夏　换　杨秀璋　于小民　编著

贵州省普通高等学校科技拔尖人才支持计划项目"定向钻机远程实时监控大数据分析评价系统"（黔教合 KY 字[2016]068）

贵州省教育厅青年科技人才成长项目"实体和属性对齐方法的研究与实现"（黔教合 KY 字[2016]172）

贵州省教育厅青年科技人才成长项目"无线校园网络建设中 Mesh 网关负载均衡问题研究"（黔教合 KY 字[2016]178）

贵州省科技计划项目——重点项目"圆形地下连续墙结构时变性仿真研究"（黔科合基础[2019]1403 号）

贵州省科技计划项目"多源地理数据融合知识图谱构建方法在舆情分析中的应用——以贵州省为例"（黔科合基础[2019]1041 号）

资助

科学出版社

北　京

# 内 容 简 介

本书主要研究 Web 大数据的数据预处理和数据分析技术，采用 Python 语言实现。全书贯穿各种算法与案例进行讲解，内容包括基础知识、Python 数据预处理和 Python 数据分析三部分，涉及数据挖掘概念、关系型数据库、语料知识库、正则表达式、中文分词、数据清洗、词性标注、特征提取、权重计算、聚类分析、分类分析、主题模型、神经网络等知识。本书一方面填补了 Web 大数据预处理和分析相结合的空白，另一方面包含了各种实战案例，构思合理、逻辑清晰，符合国家大数据发展战略，有利于推动各地区的大数据发展。

本书适合大数据、数据分析、计算机科学、信息技术和数据挖掘等专业的学生使用，也可作为数据挖掘研究者或大数据相关工作者的参考资料或实践指南。

**图书在版编目（CIP）数据**

Web 大数据处理与分析 / 夏换，杨秀璋，于小民编著. —北京：科学出版社，2019.3

（大数据科学研究丛书）

ISBN 978-7-03-060636-5

Ⅰ. ①W… Ⅱ. ①夏…②杨…③于… Ⅲ. ①数据处理 Ⅳ. ①TP274

中国版本图书馆 CIP 数据核字（2019）第 037038 号

责任编辑：马 跃 李 嘉 / 责任校对：张怡君
责任印制：张 伟 / 封面设计：无极书装

科 学 出 版 社 出版
北京东黄城根北街 16 号
邮政编码：100717
http://www.sciencep.com

北京虎彩文化传播有限公司 印刷
科学出版社发行 各地新华书店经销

*

2019 年 3 月第 一 版 开本：720×1000 B5
2019 年 7 月第二次印刷 印张：18 1/4
字数：367 000
定价：**152.00 元**
（如有印装质量问题，我社负责调换）

# 目 录

## 第一部分 基础知识

第1章 概述····································································································3
1.1 大数据预处理和分析······················································································3
1.2 各章概要····································································································8
1.3 如何阅读本书······························································································12
第2章 数据挖掘基础知识····················································································14
2.1 数据挖掘····································································································14
2.2 有监督学习································································································16
2.3 无监督学习································································································17
2.4 部分监督学习····························································································19
第3章 关系型数据库和语料知识库··········································································21
3.1 关系型数据库····························································································21
3.2 SQL 基础知识····························································································23
3.3 Python 调用数据库······················································································32
3.4 常见的语料知识库······················································································39
第4章 正则表达式和基本字符串函数········································································48
4.1 正则表达式································································································48
4.2 基本字符串函数························································································58
4.3 字符编码简介····························································································64

## 第二部分 基于 Python 的大数据预处理

第5章 数据预处理相关介绍··················································································71
5.1 预处理概述································································································71
5.2 中文分词····································································································72
5.3 数据清洗····································································································74
5.4 词性标注基础····························································································75

5.5　向量空间模型及特征提取 ·········································· 76

5.6　权重计算 ·························································· 76

**第 6 章　中文分词技术及 Jieba 工具** ······························· 77

6.1　中文分词技术介绍 ················································ 77

6.2　常用中文分词工具 ················································ 80

6.3　Jieba 中文分词工具 ··············································· 81

6.4　案例分析：使用 Jieba 对百度百科摘要信息进行中文分词 ·········· 91

**第 7 章　数据清洗及停用词过滤** ···································· 94

7.1　数据清洗的概念 ·················································· 94

7.2　数据清洗常见方法 ················································ 97

7.3　停用词过滤 ······················································ 98

**第 8 章　词性标注** ················································ 106

8.1　词性标注概述 ··················································· 106

8.2　BosonNLP 词性标注 ·············································· 109

8.3　Jieba 工具词性标注 ·············································· 115

8.4　案例分析：基于 Jieba 工具的词性标注 ··························· 120

**第 9 章　向量空间模型及特征提取** ································· 124

9.1　向量空间模型 ··················································· 124

9.2　特征提取 ······················································· 126

9.3　余弦相似性 ····················································· 129

9.4　案例分析：基于向量空间模型的余弦相似度计算 ··················· 131

**第 10 章　权重计算及 TF-IDF** ····································· 139

10.1　权重计算 ······················································ 139

10.2　TF-IDF ························································· 141

10.3　Scikit-Learn 中的 TF-IDF 使用方法 ······························ 143

10.4　案例分析：TF-IDF 计算中文语料权重 ···························· 146

## 第三部分　基于 Python 的大数据分析

**第 11 章　Python 大数据分析的常用库介绍** ························ 157

11.1　数据挖掘概述 ·················································· 157

11.2　开发软件安装过程 ·············································· 159

11.3　Scikit-Learn 库 ················································· 165

11.4　NumPy、SciPy、Matplotlib 库 ···································· 169

**第 12 章　基于 Python 的聚类数据分析** ··························· 175

12.1　聚类概述 ······················································ 175

12.2　聚类算法基本用法 ·············································· 178

12.3　案例分析：基于 Birch 层次聚类算法及 PAC 降维显示聚类图像······190
第 13 章　基于 Python 的分类算法分析································206
　13.1　分类概述······················································206
　13.2　Python 分类算法基本用法······································214
　13.3　案例分析：基于新闻数据分类算法的示例······················229
第 14 章　基于 Python 的 LDA 主题模型·····························242
　14.1　LDA 主题模型···················································242
　14.2　LDA 安装过程·················································244
　14.3　LDA 基本用法·················································245
　14.4　案例分析：LDA 主题模型分布计算·····························254
第 15 章　基于 Python 的神经网络分析·······························265
　15.1　神经网络的基础知识············································265
　15.2　神经网络的 Python 简单实现····································271
　15.3　Python 神经网络工具包·········································275
　15.4　案例分析：使用神经网络训练····································280
参考文献································································283

# 第一部分　基　础　知　识

# 第1章 概　　述

本书主要介绍 Web 大数据（Big Data）的数据预处理和数据分析，主要从三个部分进行详细讲解。第一部分介绍基础知识，包括数据挖掘（Data Mining）基础知识、结构化查询语言（structured query language，SQL）与关系型数据库、正则表达式和基本字符串函数等；第二部分介绍基于 Python 的大数据预处理，包括中文分词、停用词过滤、特征提取、向量空间模型（vector space model，VSM）、权重计算等；第三部分讲述对数据的分析与处理。

第一部分主要介绍 Web 大数据数据预处理与分析的基础知识，为后面的具体操作做准备，主要讲述数据挖掘基础知识、SQL 与关系型数据库、正则表达式和基本字符串函数。

## 1.1　大数据预处理和分析

本书主要讲解 Web 大数据数据预处理和分析，是一本实战指南的书籍，内容包括三部分：基础知识、基于 Python 的大数据预处理、基于 Python 的大数据分析。机器学习的英文名称是直译的 machine learning（简称 ML），在计算界 Machine 一般指计算机，这个名字使用了拟人的手法，说明了这门技术是让机器"学习"的技术。图 1-1 非常形象地将数据分析和机器学习的过程与人类对历史经验进行归纳的过程做了比对，该方法是计算机利用已有的数据（经验），得出某种模型，并利用此模型预测未来的一种方法。

图 1-1　数据挖掘与机器学习图示

图 1-2 是源自 Google 的机器学习所涉及的一些相关范围的学科与研究领域。机器学习与模式识别、数据挖掘、计算机视觉、统计学习、语音识别、自然语言处理等领域有着很深的联系。

图 1-2    机器学习涉及的领域

模式识别相当于机器学习。两者的主要区别在于前者是从工业界发展起来的概念，后者则主要源自计算机学科。

数据挖掘相当于机器学习加数据库。从数据中挖出"金子"，以及将废弃的数据转化为价值。

计算机视觉相当于图像处理加机器学习。图像处理技术用于将图像处理为适合进入机器学习模型中的输入，机器学习则负责从图像中识别出相关的模式，如百度识图、手写字符识别、车牌识别等应用。

统计学习是与机器学习高度重叠的学科。因为机器学习中的大多数方法来自统计学，甚至可认为统计学的发展促进了机器学习的繁荣昌盛，如著名的支持向量机（support vector machine，SVM）算法，就是源自统计学科。二者的区别在于统计学习者重点关注的是统计模型的发展与优化，偏数学，而机器学习者更关注的是能够解决问题，偏实践。

语音识别相当于语音处理加机器学习。语音识别就是音频处理技术与机器学习的结合，一般会结合自然语言处理的相关技术，目前的相关应用有苹果的语音助手 Siri。

　　自然语言处理（natural language processing，NLP）相当于文本处理结合机器学习。让机器理解人类的语言，NLP 中大量使用了编译原理相关的技术，如词法分析、语法分析、语义理解等。

　　既然我们知晓了机器学习的大致范围，那么机器学习里面究竟有多少经典的算法呢？常见的算法包括：回归算法、神经网络、支持向量机、聚类算法、降维算法、推荐算法等。

　　假设我们有一组肿瘤患者的数据，如图 1-3 所示。这些患者的肿瘤中有些是良性的（图中的圆圈），有些是恶性的（图中的"×"形）。这里肿瘤的圆圈和"×"形可以被称作数据的"标签"。同时每个数据包括两个"特征"：患者的年龄与肿瘤的大小。我们将这两个特征与标签映射到这个二维空间上，形成了图1-3。当有一个三角形点时，该判断这个肿瘤是恶性的还是良性的呢？根据圆圈和"×"形点我们训练出了一个逻辑回归模型，也就是图中的分类线。这时，根据三角形点出现在分类线的左侧，我们判断它的标签应该是"×"形，即属于恶性肿瘤。这就是通过逻辑回归画出的一条分类线。

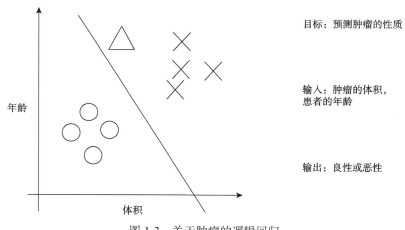

图 1-3　关于肿瘤的逻辑回归

　　后文将详细讲述各种机器学习的方法及 Python 使用的方法。

　　在我们的另一本书《基于 Python 的 Web 大数据爬取实战指南》中，详细介绍了基于 Python 的网络爬取技术，通过 Python 爬虫爬取得到语料后，需要对数据集进行预处理操作，才能进行下一步的数据分析和分类聚类处理。而本书主要介绍的是数据清洗、数据预处理和数据分析等方面的内容。图 1-4 表示的是数据预处理的基本过程。主要包括中文分词、停用词过滤及数据清洗、特征提取与权重计算等操作，其结果以完成分词和清洗后的词序列为单位存储在本地文件中。最后得到了语料的特征向量，再分别使用不同的算法进行数据分析，包括聚类算法、分类算法、LDA（latent dirichlet allocation）主题模型、神经网络等。

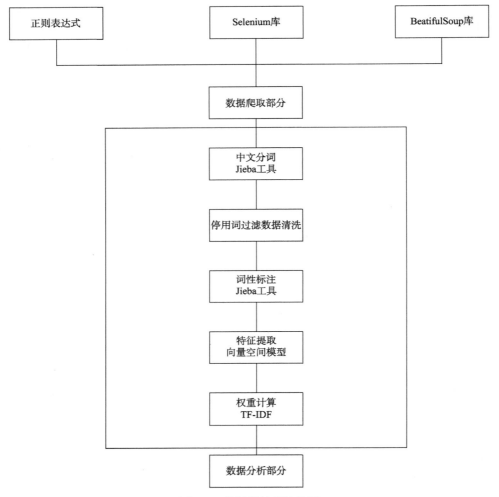

图 1-4 数据预处理结构图

　　Web 数据挖掘和数据分析涉及大量的算法和技术，数据挖掘可以分为有监督学习（分类）、无监督学习（聚类）和部分监督学习（半监督学习）三个主题。图 1-5 展现了数据挖掘涉及的相关算法，包括分类模型、预测模型、关联分析、聚类分析等。

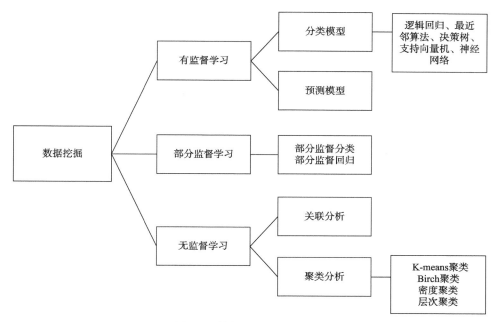

图 1-5 数据挖掘算法分类图

那么，大数据、数据挖掘、Web 技术之间又存在什么关系呢？

数据挖掘是基于数据库理论、机器学习、人工智能、现代统计学的迅速发展的交叉学科，在很多领域中都有应用。其涉及很多的算法，源于机器学习的神经网络、决策树，也有基于统计学习理论的支持向量机、分类回归树以及关联分析等诸多算法。数据挖掘的定义是从海量数据中找到有意义的模式或知识。

大数据是近几年提出来的，有四个重要的特征，业界通常用 4 个 V（即 Volume、Variety、Value、Velocity）概括大数据的特征。

（1）数据体量巨大（Volume）。截至目前，人类生产的所有印刷材料的数据量是 200PB（1PB=210TB），而历史上全人类说过的所有的话的数据量大约是 5EB（1EB=210PB）。当前，典型个人计算机硬盘的容量为 TB 量级，而一些大企业的数据量已经接近 EB 量级。

（2）数据类型繁多（Variety）。这种类型的多样性也让数据被分为结构化数据和非结构化数据。相对于以往便于存储的以文本为主的结构化数据，非结构化数据越来越多，包括网络日志、音频、视频、图片、地理位置信息等，这些多类型的数据对数据的处理能力提出了更高要求。

（3）价值密度低（Value）。价值密度的高低与数据总量的大小成反比。以视频为例，一部 1 小时的视频，在连续不间断的监控中，有用数据可能仅有 1~2

秒。如何通过强大的机器算法更迅速地完成数据的价值"提纯"成为目前大数据背景下亟待解决的难题。

（4）处理速度快（Velocity）。这是大数据区分于传统数据挖掘的最显著的特征。根据 IDC（Internet Data Center，互联网数据中心）的"数字宇宙"的报告，预计到2020年，全球数据使用量将达到35.2ZB。在如此海量的数据面前，处理数据的效率就是企业的生命。图 1-6 显示了大数据相关技术，如 Storage、Disk 等。

图 1-6  大数据相关技术

随着移动互联网的发展，数据自动收集、存储的速度在加快，全世界的数据量在不断膨胀，数据的存储和计算超出了单个计算机的能力，这给数据挖掘技术的实施提出了挑战。Google 提出了分布式存储文件系统，发展出后来的云存储和云计算的概念。将大数据映射为小的单元进行计算，再对所有的结果进行整合，就是所谓的 Map-Reduce 算法框架。此外，大数据处理能力的提升也对统计学提出了新的挑战。统计学理论往往建立在样本上，而在大数据时代，可能得到的是总体，而不再是总体的不放回抽样。

总之，数据挖掘是一个从未经处理过的数据中提取信息的过程，重点是找到相关性和模式分析。大数据和数据挖掘的相似处或者关联在于：数据挖掘的未来不再是针对少量或是样本化、随机化的精准数据，而是海量、混杂的大数据。

## 1.2  各 章 概 要

本书主要由三部分组成。第一部分，包括第 1~4 章，介绍基于 Python 的 Web 大数据预处理和分析的基础知识，包括数据挖掘基础知识、关系型数据库和语料知识库、正则表达式和基本字符串函数等知识。第二部分，包括第 5~10 章，介绍大数据预处理相关知识，包括中文分词技术及 Jieba 工具、数据清洗及停用词过滤、词性标注（part of speech tagging 或 pos tagging）、向量空间模型及特征提取、权重计算及 TF-IDF（term frequency-invers document frequency）。第三部分，包括第 11~15 章，介绍大数据分析相关知识，包括数据挖掘和机器学习的各种处理和分析的算法及案例分析，即 Python 数据分析的常用库介绍、基于 Python 的聚类数据分析、基于 Python 的分类算法分析、基于 Python 的 LDA 主题模型、基于 Python 的神经网络分析。

1. 第一部分　基础知识

第 2 章——数据挖掘基础知识：主要介绍数据挖掘的基础知识，包括数据挖掘的定义、Web 数据挖掘的定义、数据挖掘的应用、有监督学习、无监督学习和部分监督学习。图 1-7 显示了 Python 数据分析相关技术。

第 3 章——关系型数据库和语料知识库：在人们的日常生活中，如微博、在线购物、超市销售、百科知识等，都会涉及数据库，人们往往会忽视数据库的重要作用，因为既看不到它，也不能直接和它互动，数据库通常在幕后工作并起着重要的作用。主要介绍关系型数据库的基础知识和常用语料知识库，其中常用语料知识库包括 WordNet、EDR、知网、哈工大同义词词林等。

第 4 章——正则表达式和基本字符串函数：正则表达式是对字符串操作的一种逻辑公式，就是用事先定义好的一些特定字符及这些特定字符的组合，组成一个"规则字符串"，这个"规则字符串"用来表达对字符串的一种过滤逻辑。正则表通常被用来检索、替换那些符合某个模式（规则）的文本。主要简单介绍正则表达式的基础知识和 Python 常用的字符串处理函数。

图 1-7　Python 数据分析相关技术

**2. 第二部分　基于 Python 的大数据预处理**

第 6 章——中文分词技术及 Jieba 工具：在得到语料之后，首先需要做的就是对语料进行分词操作。由于中文词语之间是紧密联系的，一个汉语句子由一串前后连续的汉字组成，词与词之间没有明显的分界标志，故需要通过一定的分词技术把它分割成空格连接的词序列。主要介绍中文常用的分词技术，同时介绍 Python 常用的分词工具，最后通过 Jieba 中文分词工具及实例讲解中文分词的过程。

第 7 章——数据清洗及停用词过滤：前面介绍了数据爬取和 Jieba 中文分词技术，在分词后的语料中，同样存在脏数据和停用词等现象。为了得到更好的数据分析结果，需要对这些数据集进行数据清洗和停用词过滤等操作。主要介绍数据清洗的概念、中文数据清洗技术及停用词过滤，最后通过 Jieba 分词工具进行停用词过滤和标点符号去除。数据清洗的基本路径见图 1-8。

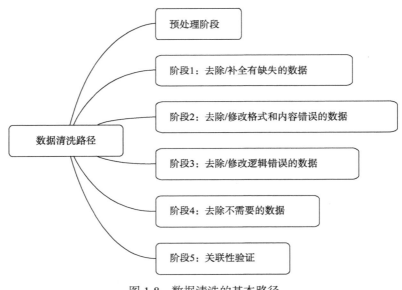

图 1-8　数据清洗的基本路径

第 8 章——在分词结束之后需要为每个单词或词语标注一个正确的词性，以确定其是名词、动词、形容词或其他词性。通过词性标注可以确定词在上下文中的作用，主要讲解词性标注的基本概念和词性对照表，同时介绍 Python 中词性标注的方法，最后通过一个案例详细讲解词性标注的过程。

第 9 章——向量空间模型及特征提取：向量空间模型表示以向量的形式来表征一个文本，它将中文文本转化为数值特征。主要介绍向量空间模型、特征提取和余弦相似度的基本知识，同时通过基于向量空间模型的余弦相似度方法，计算百度百科和互动百科旅游景区的消息（infobox）盒相似度。

第 10 章——权重计算及 TF-IDF：在建立向量空间模型的过程中，权重的表示尤为重要，常用的方法包括布尔权重、词频权重、TF-IDF 权重、TFC 方法、熵权重方法等。主要讲述常用的权重计算方法，并详细讲解 TF-IDF 的计算方法和示例，同时介绍文本相似度计算的方法，最后介绍一个基于 TF-IDF 计算过程的案例。

3. 第三部分　基于 Python 的大数据分析

第 11 章——Python 大数据分析的常用库介绍：主要介绍 Python 数据分析的常用方法及案例，包括数据挖掘的基础知识、Python 数据分析常见库函数及安装过程。

第 12 章—— 基于 Python 的聚类数据分析：聚类就是将数据集中在某些方面相似的数据成员放在一起。聚类通常被称为无监督学习。主要介绍聚类的常用算法、Scikit-Learn 中聚类的基本用法，并通过 K-means 文本聚类算法和 Birch 层次聚类算法来降维显示如图 1-9 所示的聚类结果。

图 1-9　聚类结果

第 13 章——基于 Python 的分类算法分析：主要讲述分类的常见算法，通过对当前数据挖掘中具有代表性的优秀分类算法进行分析和比较，总结出各种算法的特性，为使用者选择算法或为研究者改进算法提供依据。同时，讲述了 Python

中 Scikit-Learn 调用分类算法的方法，并通过一个示例讲解基于新闻数据的分类预测。

　　第 14 章——基于 Python 的 LDA 主题模型：LDA 是一种文档主题生成模型，通常由包含词、主题和文档三层结构组成。该算法将一篇文档的每个词都以一定概率分布在某个主题上，并可以从这个主题中选择某个词语。主要介绍 LDA 主题模型、LDA 安装过程、LDA 基本用法及案例分析，介绍 LDA 主题模型分布计算。

　　第 15 章——基于 Python 的神经网络分析：主要介绍基于 Python 的神经网络相关知识，包括神经网络的基础知识、神经网络的 Python 简单实现、神经网络的 Python 库的安装过程及基本用法，并通过一个案例分析讲解神经网络。

# 1.3　如何阅读本书

　　本书主要研究 Web 大数据数据预处理和分析的技术，采用 Python 语言实现。本书适合计算机科学、信息科学、软件工程、大数据金融、工程统计和社会科学等专业的学生使用；同时它也可以作为研究人员和对 Web 爬取、数据挖掘、大数据、金融工程、数据分析、文本挖掘、统计分析等领域感兴趣的实践人员阅读，并作为指导手册进行实践操作；也可以作为 Web 大数据数据预处理和分析的教科书和实践指南。本书各个章节都尽可能保持相互独立，读者如果对某些章节比较感兴趣，可以阅读相关章节内容。

　　致教师：本书可以结合我们的另一本书《基于 Python 的 Web 大数据爬取实战指南》，作为 Web 数据挖掘和数据分析的课程教科书。教学计划可以分为两种。如果学生具有良好的计算机相关知识、Python 知识或数据挖掘、数据分析学习背景，则可将本书作为实战课程，结合书籍完成书中相应的案例分析，从而提升学生的代码能力和数据分析能力。如果学生不具备这些基础知识，则教师可以先详细讲解本书的第一部分基础知识，然后让学生课后书写相关代码，同时也可以给学生普及 Web 数据挖掘和大数据分析的相关知识，将本书作为一种普及书籍。

　　致读者：建议读者在阅读本书的时候，先了解第一部分的基础知识，再详细学习 Python 的大数据预处理知识和大数据分析技术。同时，读者一定要认真实现每部分代码，通过实际操作来提升自己，在这个过程中会遇到各种问题，希望读者学会通过网络自己去解决问题。另一本书主要讲的是关于基于 Python 的 Web 大数据爬取的技术，也建议读者先进行阅读，了解基本的爬虫原理，并爬取自己所需的语料，再进行数据清洗、数据预处理和数据分析。对机器学习、数据挖掘、大数据分析感兴趣的读者可以对其进行详细阅读。

　　总之，这本书不仅能普及大数据预处理和大数据分析相关基础领域的知识，也有助于读者爬取自己所需的语料来做一定的学术研究和数据分析。本书能让读者具备基本的文本数据分析能力，而更多的算法创新或这两本书未涉及的内容，则需要读者自己去学习。最后，对于本书中存在的不足之处，还请读者海涵，同时欢迎提出各种建议并告知作者。

# 第2章  数据挖掘基础知识

本章主要介绍数据挖掘的基础知识，包括数据挖掘的定义、Web 数据挖掘的定义、数据挖掘的应用、有监督学习、无监督学习和部分监督学习。

## 2.1  数 据 挖 掘

数据挖掘，又译为资料探勘、数据采矿。数据挖掘一般是指从大量的数据中通过算法搜索隐藏于其中信息的过程，是数据库知识发现（knowledge-discovery in databases，KDD）中的一个步骤。

Web 数据挖掘是数据挖掘在 Web 上的应用，它利用数据挖掘技术从与 WWW 相关的资源和行为中抽取感兴趣的、有用的模式和隐含信息，涉及 Web 技术、数据挖掘、计算机语言学、信息学等多个领域，是一项综合技术。Web 内容挖掘是指对 Web 页面内容及后台交易数据库进行挖掘，从 Web 文档内容及其描述的内容信息中获取知识的过程。Web 使用记录挖掘是通过挖掘相应站点的日志文件和相关数据来发现该站点上的浏览者的行为模式，获取有价值的信息的过程。Web 数据挖掘的目标是从 Web 的超链接结构、网页内容和使用日志中探寻有用的信息。Web 挖掘任务可以被划分为三种主要类型：Web 结构挖掘、Web 内容挖掘和 Web 使用挖掘。

Web 数据挖掘涉及大量的算法和技术，数据挖掘可以分为有监督学习（分类）、无监督学习（聚类）和部分监督学习（半监督学习）三个主题。图 2-1 展现了数据挖掘涉及的相关算法，包括分类模型、预测模型、聚类分析、关联分析等。

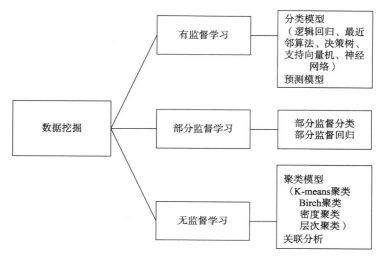

图 2-1 数据挖掘算法分类图

数据挖掘可以应用于各行各业，如阿根廷信贷公司 Credilogros Cía Financiera S.A.利用数据挖掘改善客户信用评分，DHL（中外运-敦豪国际航空快递公司）通过数据挖掘实时追踪货箱温度等。数据挖掘应用如图 2-2 所示，涉及物流解决方案、购物篮分析、客户分类及客户爱好分析、市场行为分析、营业额预测、品质管理、股票投资战略指南、信贷额度审查等，常用技术包括数据统计分析、预测预警模型、数据信息阐释、数据采集评估、系统工程数学、用户行为分析、客户需求模型、产品销售预测（热销特征）、数据清洗、可视化展示等。

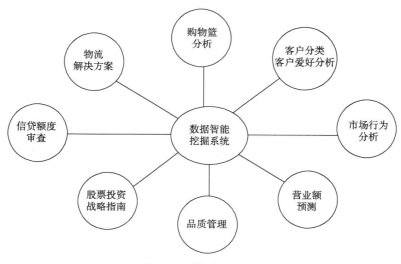

图 2-2 数据挖掘应用

## 2.2　有监督学习

　　有监督学习表示利用一组已知类别的样本调整分类器的参数，使其达到所要求性能的过程，也称为监督训练或有教师学习。有监督学习是从标记的训练数据来推断一个功能的机器学习任务。训练数据包括一套训练示例。在有监督学习中，每个实例都是由一个输入对象（通常为矢量）和一个期望的输出值（也称为监督信号）组成。有监督学习算法是分析该训练数据，并产生一个推断的功能，其可以用于映射出新的实例。

　　首先，我们来看一个关于有监督学习的例子。假定我们有一个数据集，它给出了房屋面积和价格的关系，如表 2-1 所示。

表 2-1　房屋面积与价格

| 面积/米² | 价格/1 000 美元 |
| --- | --- |
| 2 104 | 400 |
| 1 600 | 330 |
| 2 400 | 369 |
| 1 416 | 232 |
| 3 000 | 540 |
| …… | …… |

　　将表 2-1 中的对应关系，映射到如下二维坐标系中，如图 2-3 所示，横轴表示房屋面积，纵轴表示价格。

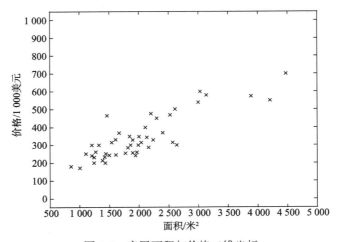

图 2-3　房屋面积与价格二维坐标

有了上述已知的数据集，我们就可以根据房屋面积和价格的映射关系，拟合出一条函数曲线，去预测某个房屋面积的价格。

为了方便后续的讨论，我们首先介绍一下相关的参数概念和其数学符号的表示及其意义。我们用 $x(i)$ 表示"输入"变量（上例中即面积），它也称为输入特征。同样的，用 $y(i)$ 表示"输出"，也称为目标变量，即我们尝试着预测的结果（上例中即价格）。而 $\left[x(i),y(i)\right]$ 则表示某个训练集实例。给定的数据集即 $\left\{\left[x(i),y(i)\right];i=1,\cdots,m\right\}$ 称为训练集。$m$ 表示训练集实例的个数，而上标 $(i)$ 是训练集中某个实例的索引，与指数无关。我们用 $X$ 表示输入变量的空间，而 $Y$ 表示输出值的空间。在上例中 $X=Y=R$，$R$ 表示实数集。

有了上面的数学符号表示，我们可以更加正式地定义有监督学习问题。有监督学习的目标是给定某个训练集，需要学习某个函数 $h:X\to Y$，使得 $h(x)$ 就是一个"好"的预测器，能够给出相应的输出值 $y$。函数 $h$ 称为 hypothesis。为了更清楚地理解上述过程，可以看图 2-4 所示的过程。

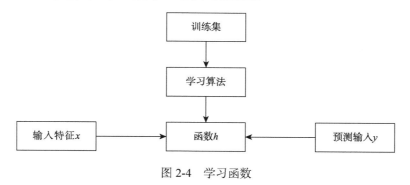

图 2-4　学习函数

当我们希望预测的输出值为连续时，如上例中输出值是价格，那么该学习问题为一个回归（regression）问题。当输出值 $y$ 仅能在一个有限的离散值集合中取值，我们称之为分类（classification）问题。本书在第 13 章将详细介绍基于 Python 的分类和回归算法，其中分类算法包括决策树、支持向量机、贝叶斯（Bayesian）方法、K-近邻、集成学习（ensemble learning）等，同时在第 15 章将详细介绍神经网络相关知识。

## 2.3　无监督学习

无监督学习（有又称为非监督学习）是另一种研究得比较多的学习方法，它与有监督学习的不同之处在于事先没有任何训练样本，而需要直接对数据进行建模。这听起来似乎有点不可思议，但是在我们自身认识世界的过程中很多地方都用到了无监督学习。例如，我们去参观一个画展，却对艺术一无所知，但是欣赏完多幅作品之后，我们也能把它们分成不同的派别，如哪些更朦胧一点，哪些更写实一些，即使我们不知道什么叫做朦胧派，什么叫做写实派，但是至少我们能把它们分为两个类。

　　无监督学习中典型的例子就是聚类。聚类的目的在于把相似的东西聚在一起，而我们并不关心这一类是什么，聚类唯一需要的信息就是样品之间的相似性（similarity between examples）。因此，一个聚类算法通常只需要知道如何计算相似度就可以开始工作了。其中相似性计算可以通过一些 distance（距离）方法进行衡量，包括：①欧几里得距离（Euclidean distance）；②明氏距离（Minkowski distance）③曼哈顿距离（Manhattan distance/City Block distance）；④Kernelized（Non-Linear）distance。图 2-5 是聚类的一个例子。

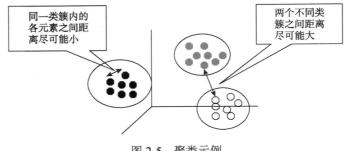

图 2-5　聚类示例

　　图中数据共聚集为三类，其中黑色、灰色、白色分别表示一类。一个好的聚类需要满足两个条件：一是类簇中各个元素具有高的相似性（high intra-cluster similarity）；二是类簇之间具有很低的相似性（low inner-cluster similarity）。

　　当类簇之间的距离很远，而类簇中的各个元素距离很近的时候，该聚类的效果越好。在本书中第 12 章主要介绍基于 Python 的聚类算法，包括 K-means、Birch、Mean Shift 等。

　　同时您可能有产生一个疑问：什么时候用有监督学习，什么时候又用无监督学习呢？

　　一种非常简单的回答就是从定义入手，如果我们在分类的过程中有训练样本（training data），则可以考虑用有监督学习的方法；如果没有训练样本，则不可能用有监督学习的方法。但是事实上，我们在针对一个现实问题进行解答的过程中，即使没有现成的训练样本，也能够凭借自己的双眼，从待分类的数据中人工标注一些样本，并把其作为训练样本，用有监督学习的方法来做。当然，有时候数据表达得非常隐蔽，也就是说我们手头的信息不是抽象的形式，而是具体的一大堆数字，这样我们很难凭借人本身对它们进行简单的分类。

举个例子来说，在 Bag of Words（词袋）模型的时候，我们利用 K-means 的方法聚类从而对数据投影，这时候用 K-means 就是因为当前到手的只有一大堆数据，而且是很高维的，当我们想把它们分为 50 个类的时候，已经无力对每个数据进行标记，说明其应该属于哪一类。所以遇到这种情况时只有无监督学习能够帮助我们了。

数据挖掘中存在有监督学习和无监督学习，也就是非黑即白的关系，那么有没有灰呢？灰是存在的，二者的中间带就是半监督学习。对于半监督学习，其训练数据的一部分是有标签的，另一部分没有标签，而没有标签数据的数量常常极大于有标签数据的数量（这也是符合现实情况的）。

## 2.4　部分监督学习

部分监督学习（又称为半监督学习）的基本思想是利用数据分布上的模型假设，建立学习器，对未标签样本进行标签。

形式化描述为：给定一个来自某未知分布的样本集 $S = L \cup U$，其中 L 是已标签样本集 $L = \{(x1, y1), (x2, y2), \cdots, (x|L|, y|L|)\}$，U 是一个未标签样本集 $U = \{x'1, x'2, \cdots, x'|U|\}$，希望得到函数 $f : X \rightarrow Y$，可以准确地对样本 $x$ 预测其标签 $y$，这个函数可能是参数的，如最大似然值法；可能是非参数的，如最邻近法、神经网络法、支持向量机法等；也可能是非数值的，如决策树分类。其中，$x$ 与 $x'$ 均为 $d$ 维向量，$y_i \in Y$ 为样本 $x_i$ 的标签，|L| 和 |U| 分别为 L 和 U 的大小，即所包含的样本数。图 2-6 显示了监督学习、半监督学习和无监督学习的区别。

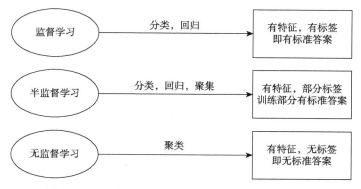

图 2-6　监督学习、半监督学习和无监督学习的区别

半监督学习就是在样本集 S 上寻找最优的学习器，如何综合利用已标签样例和未标签样例是半监督学习需要解决的问题。半监督学习问题从样本的角度而言是利用少量标注样本和大量未标注样本进行机器学习，从概率学习角度可理解为研究如何利用训练样本的输入边缘概率 $P(x)$ 和条件输出概率 $P(y|x)$ 的联系设计具有良好性能的分类器。这种联系的存在是建立在某些假设的基础上的，即聚类假设（cluster assumption）和流形假设（maniford assumption）。半监督学习典型的方法包括 S3VM、S4VM、CS4VM、TSVM 等，感兴趣的读者可以做深入的研究。

# 第 3 章　关系型数据库和语料知识库

在《基于 Python 的 Web 大数据爬取实战指南》中，作者详细介绍了 Python 相关的网页爬取知识，通过数组、矩阵、向量、纯文本等存储爬取的内容。那么，为什么作者还需要讲解关系型数据库和语料知识库等相关知识呢？因为在人们的日常生活中，微博、在线购物、超市销售、百科知识等都会涉及数据库，人们往往会忽视数据库的重要作用，因为我们既看不到它，也不能直接和它互动，数据库通常在幕后工作。而在自动化数据爬取中，我们偶尔会遇到能直接访问数据库的这类任务，同时我们可以通过数据库来保存和管理数据。数据库是专门为数据存储设计的，它具备一些特性。

《基于 Python 的 Web 大数据爬取实战指南》一书，主要介绍通过 Python 从互联网上爬取相关的文本内容作为语料，同样存在一些开源的语料知识库供大家使用和学习，这些语料知识库包括 WordNet、FrameNet、EDR、知网、哈工大词林等。

## 3.1　关系型数据库

### 3.1.1　为什么需要数据库

图 3-1 表示网络数据采集的结构图。主要包括三个部分：网络传播技术、信息提取技术和数据存储技术。其中网络传播通常是使用 HTTP 进行，常用的传播方式包括 HTML、XML、Json、Ajax 和纯文本等；信息提取技术主要可以通过 R 语言、Python 语言、Java 语言等进行获取，其中 Python 涉及的主要技术包括：正则表达式、XPath 技术、Selenium、BeautifulSoup 等；数据存储技术主要是存储爬取的数据信息，主要包括 SQL 数据库、纯文本格式等。

本小节我们重点关注第三部分的 SQL 的相关内容，其主要用于存储数据。

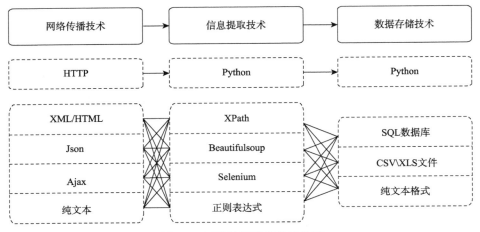

图 3-1　网络数据采集的结构图

自动化数据采集通常将数据存储至数据库中，其主要有以下三个原因。

第一，我们能直接访问数据库，更加方便地完成数据处理和分析任务。

第二，我们可以将数据库作为保存和管理数据的一个工具，而 Python 或 R 语言大部分的数据管理工具都是用来分析数据的，而不是用来保存数据的。

第三，数据库是专门为数据存储设计的，因此，它提供了一些 Python 或 R 语言的基础功能不具备的一些特性，包括以下几点。

（1）假如需要完成一个项目，它的数据需要通过一个网站进行展示或访问，通过数据库，只需要一个工具即可完成该项目。

（2）在一个数据采集项目里，不是一个人采集所有数据，而是由其他人分别采集数据的某些部分，通过数据库，可以拥有一个通用、随时访问并且可靠的基础架构，其他用户可以随时访问。

（3）涉及多方合作的情况下，大部分数据库是允许给不同用户定义不同的权限，即某个用户可能只能读取，其他用户可以访问某些部分数据，通过数据库能合理地管理这些权限。

（4）当处理大规模数据时，可能这些数据量会超出电脑可用的内存量，而数据库只受限于磁盘容量，甚至可以通过分布式计算机集群解决。

（5）如果数据很复杂，仅仅通过简单的文本进行存储，很难进行数据分析，但是通过数据库，我们可以设计合理的表来存储相关数据，甚至可以存储复杂的数据结构并给它们划分子集。

（6）可以设定一些规则来判定数据的合法条件，从而提升数据质量，利用数据库，能针对扩展或更新数据库定义具体的规则。

综上所述，在使用 Python 对数据进行预处理和分析的过程中，具备一定的数据库知识是非常必要的，能有效地解决某些具体的问题。

### 3.1.2　什么是关系型数据库

以关系模型建立的数据库就是关系数据库（relational data base，RDB），对应的系统是关系型数据库管理系统（relational data base management system，RDBMS）。关系数据库中包含若干个关系，每个关系都由关系模式确定，每个关系模式包含若干个属性和属性对应的域，所以，定义关系数据库就是逐一定义关系模式，对每一关系模式逐一定义属性及其对应的域。

关系型数据库简单地可以理解为二维数据库，表的格式就如 Excel，有行有列。常用的关系数据库有 Oracle、SqlServer、Informix、MySql、SyBase 等。

所谓关系型数据库，是指采用关系模型来组织数据的数据库。关系模型是在 1970 年由 IBM 的研究员 E.F.Codd 博士首先提出的，在之后的几十年中，关系模型的概念得到了充分的发展并逐渐成为数据库架构的主流模型。简单来说，关系模型指的就是二维表格模型，而一个关系型数据库就是由二维表及其之间的联系组成的一个数据组织。

关系型数据库并不是唯一的高级数据库模型，也完全不是性能最优的模型，但是关系型数据库确实是现今使用最广泛、最容易理解和使用的数据库模型。大多数的企业级系统数据库都采用关系型数据库，关系型数据库的概念是掌握数据库开发的基础。

关系型数据库相比其他模型的数据库而言，有着以下优点。

（1）容易理解：二维表结构是非常贴近逻辑世界的一个概念，关系模型相对网状、层次等其他模型来说更容易理解。

（2）使用方便：通用的 SQL 语言使得操作关系型数据库非常方便，程序员甚至于数据管理员可以方便地在逻辑层面操作数据库，而完全不必理解其底层实现。

（3）易于维护：丰富的完整性（实体完整性、参照完整性和用户定义的完整性）大大降低了数据冗余和数据不一致的概率。

## 3.2　SQL 基础知识

SQL 表示结构化查询语言，它是一种综合的、通用的、功能极强同时又简洁易学的语言。SQL 语言集数据查询（data query）、数据操纵（data manipulation）、数据定义（data definition）和数据控制（data control）功能于一体，充分体现了关系数据语言的特点和优点，目前已成为关系数据库的标准语言。

SQL 对命令大小写不敏感，其数据定义语言（data definition language，DDL）用于定义和管理 SQL 数据库中的所有对象，包括命令关键字 create、alter、drop；数据操作语言（data manipulation language，DML）用于选择、插入、更新和删除使用 DDL 定义的对象中的数据，包括命令关键字 select、insert、update 和 delete；数据控制语言（data control language，DCL）主要用于权限管理，包括命令关键字 grant 和 revoke。

MySQL 是一种开放源代码的关系型数据库管理系统，MySQL 数据库系统使用最常用的数据库管理语言——结构化查询语言（SQL）进行数据库管理。下面介绍 MySQL 的安装过程、MySQL 数据库的基本使用方法和 SQL 语句等。

### 3.2.1　安装 MySQL

首先下载 MySQL-5.0.96-WinX64，并运行该 exe 文件，如图 3-2 所示。

图 3-2　运行 MySQL 程序

点击下一步，选择安装目录和 "Developer Components"，如图 3-3 所示。

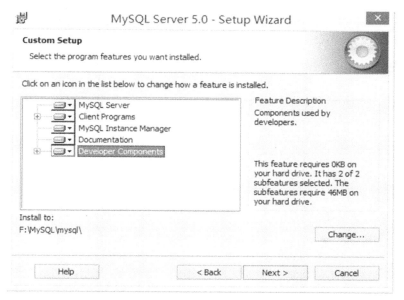

图 3-3　选择 MySQL 安装路径

在安装过程中，通常选择默认选项，点击"Next"进入下一步。读者可以根据自己的电脑环境及喜好进行配置，图 3-4 中选择手动准确配置选项（Detailed Configuration）。

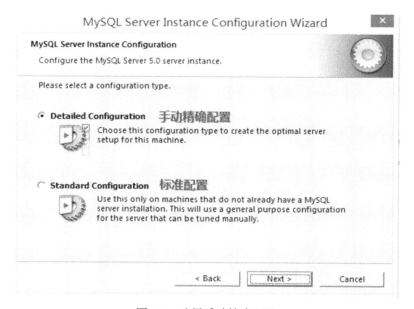

图 3-4　选择手动精确配置

选择服务类型（Server Machine）（图 3-5）；选择通用多功能型数据库（Multifunctional Database）（图 3-6）。

图 3-5　选择服务器类型

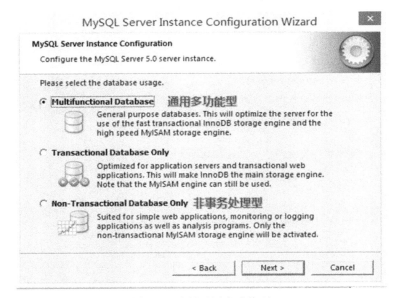

图 3-6　选择通用多功能型

然后需要设置数据库访问量连接数为 15（默认）、端口为 3306（默认）、编码方式为 utf-8（中文编码）。在 Python 或 Java 调用 MySQL 中，需要配置端口号为 3306。安装过程中的设置过程如图 3-7 所示。

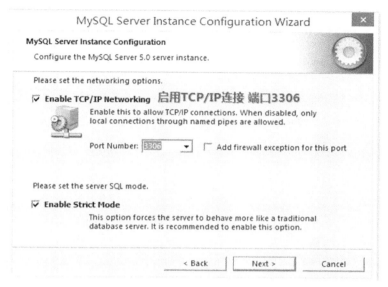

图 3-7　数据库端口号

在编程过程中，编码问题是一个非常重要的问题，尤其是中文数据的处理。其核心方法是令所有环境的编码方式一致即可，故配置成 UTF-8 中文编码方式（图 3-8），从而使数据库、Python、文本、前端浏览器等编码方式都一致。

图 3-8　数据库编码方式

　　然后，需要设置超级用户 root 的密码，通常设置为"123456"，如图 3-9 所示。

图 3-9　设置 root 用户密码

最后点击"Next"直到配置成功，如图 3-10 所示。

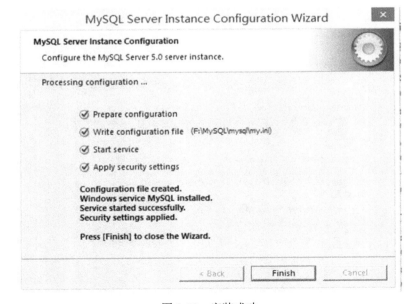

图 3-10　安装成功

### 3.2.2　MySQL 数据库知识

在 MySQL 安装成功后，运行 MySQL，会弹出如图 3-11 所示界面，接着输入默认的用户密码"123456"。然后我们开始讲解数据库常用的 SQL 语句。

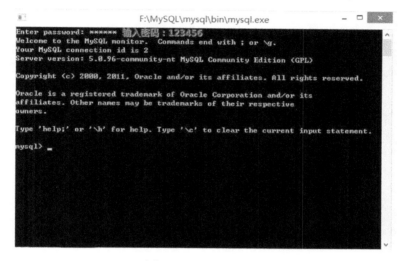

图 3-11　运行 MySQL

使用 show 语句查看 MySQL 数据库中所有的数据库，如图 3-12 所示。从图中可以看到包含的数据库，如果数据库已经存储，则可以直接使用，否则第一次需要创建数据库。

```
--显示所包含的数据库
show databases；
```

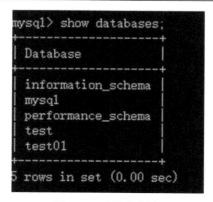

图 3-12　查询数据库

　　创建数据库 test01 和使用数据库 test01 的 SQL 语句如下所示，在 SQL 语句中，创建数据库调用 "create" 关键字，使用数据库调用 "use" 关键字。代码如图 3-13 所示，第一次使用数据库之前需要进行创建，之后则可以直接使用，无须再创建。

```
--创建数据库
create database test01；
--使用数据库
use test01；
```

图 3-13　查询数据库

　　然后，需要创建表 student，并设置主键为学号 stuid，如图 3-14 所示。

```
--创建表
create table student（username varchar（20），
                password varchar（20），
                stuid int primary key）；
```

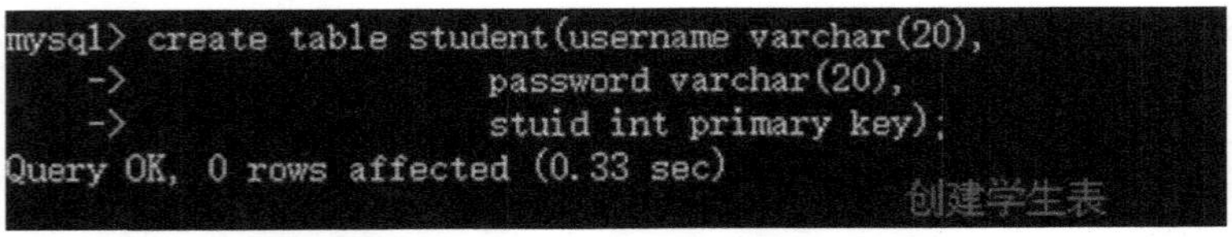

图 3-14　创建学生表

使用关键词 "desc" 显示表的数据结构，如图 3-15 所示。

```
--显示表结构
desc student；
```

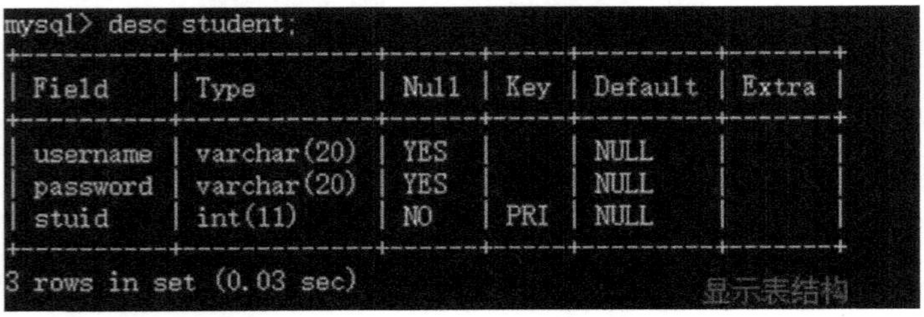

图 3-15　显示学生表结构

如果想要删除表 student，可使用"drop"关键词，如图 3-16 所示。

--删除表
drop table student；

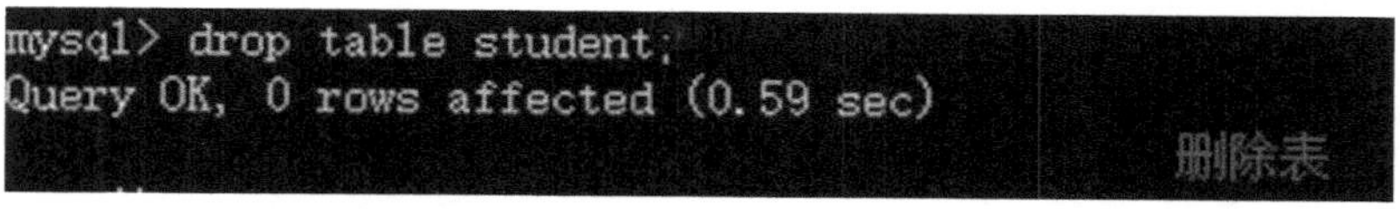

图 3-16　删除学生表

在学生表 student 中插入数据，使用关键字"insert"，如图 3-17 所示。

--插入数据
insert student（username，password，stuid）
　　　values（'Eastmount'，'123456'，1）；

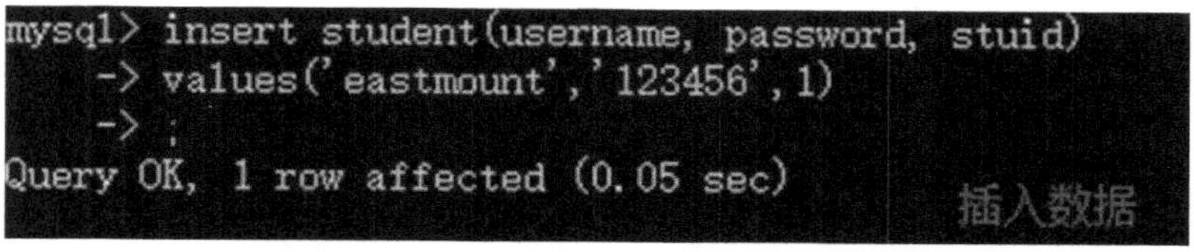

图 3-17　插入数据

查询学生表 student 中数据，使用关键词"select"，如图 3-18 所示。

--查询数据
select * from student；

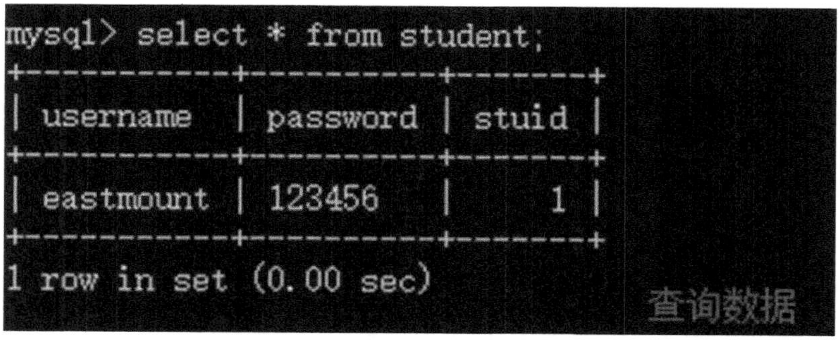

图 3-18　查询数据

更新数据使用"update"关键字，如图 3-19 所示，将密码从"123456"修改为"000000"。

```
--更新数据
update student set password='000000' where stuid='1';
```

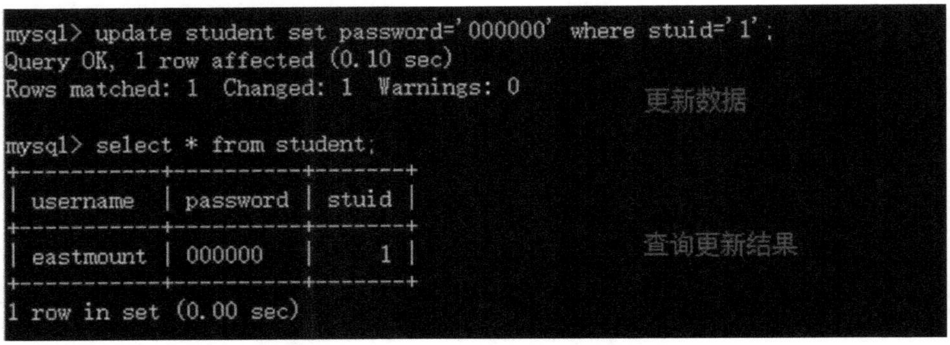

```
mysql> update student set password='000000' where stuid='1';
Query OK, 1 row affected (0.10 sec)
Rows matched: 1  Changed: 1  Warnings: 0

mysql> select * from student;
+-----------+----------+-------+
| username  | password | stuid |
+-----------+----------+-------+
| eastmount | 000000   |     1 |
+-----------+----------+-------+
1 row in set (0.00 sec)
```



图 3-19　更新数据

删除数据使用关键词“delete”，如图 3-20 所示。

```
--删除数据
delete from student where username='eastmount';
```

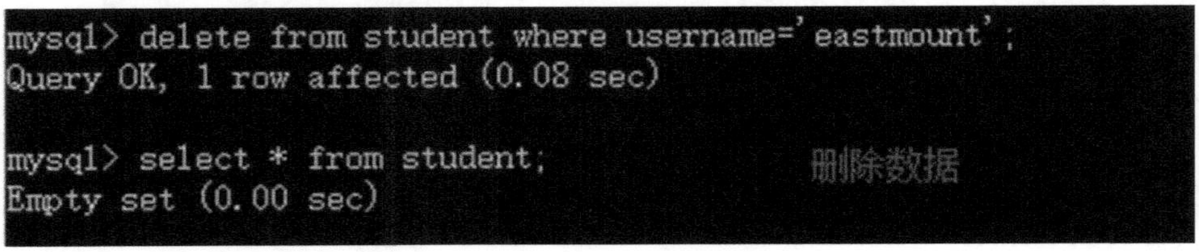

```
mysql> delete from student where username='eastmount';
Query OK, 1 row affected (0.08 sec)

mysql> select * from student;
Empty set (0.00 sec)
```



图 3-20　删除数据

此时，SQL 语句的基础知识以及 MySQL 数据库操作 SQL 语句的知识点就介绍完了。

## 3.3　Python 调用数据库

Python 可以直接通过数据库接口，也可以通过 ORM（不需要自己书写 SQL）来访问关系数据库。从 Python 中访问数据库需要接口程序，接口程序是一个 Python 模块，它提供数据库客户端库的接口供用户访问。本节主要讲解 Python 操作 MySQL 数据库的基本函数及用法。

### 3.3.1　Python 安装 MySQL

首先需要在 Python 环境下安装 MySQL，共有两种方法。

第一种方法：通过"pip install mysql"安装 Python 的 MySQL 库，如图 3-21 所示。

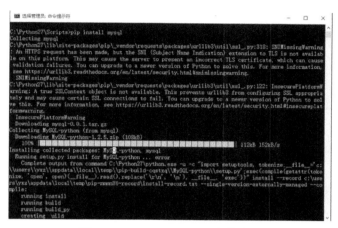

图 3-21　pip install mysql 安装过程

第二种方法：从 Python 官网下载安装文件。

现在下载了一个 MySQL-python-1.2.3.win-amd64-py2.7.exe 文件，然后对其进行安装，安装过程如图 3-22 和图 3-23 所示。下载网址为 https://pypi.python.org/pypi/MySQL-python/。

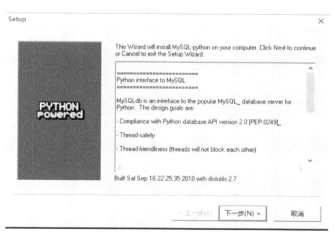

图 3-22　MySQL-python 安装过程 1

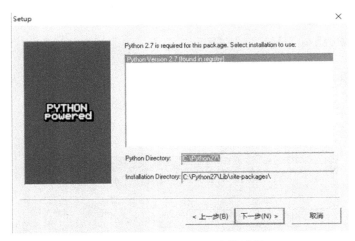

图 3-23　　MySQL-python 安装过程 2

### 3.3.2　程序接口 DB-API

DB-API 是一个规范。它定义了一系列必需的对象和数据库存取方式，以便为各种各样的底层数据库系统和多种多样的数据库接口程序提供一致的访问接口。DB-API 为不同的数据库提供了一致的访问接口，让在不同的数据库之间移植代码成为一件轻松的事情。数据库与接口通信如图 3-24 所示。

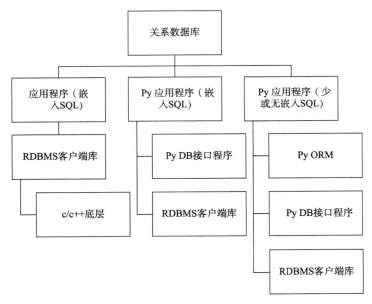

图 3-24　　数据库与接口通信

下面简单介绍 DB-API 的使用方法。

1. 模块属性

DB-API 规范里的以下特性和属性必须提供。一个 DB-API 兼容模块定义如下。

（1）apilevel：模块兼容的 DB-API 版本号。

（2）threadsafety：线程安全级别。

（3）paramstyle：支持 sql 语句参数风格。

（4）connect：连接数据库。

Python 调用 MsSQL 首先需要导入 MySQLdb 库，代码如下所示。

```
import MySQLdb
```

2. connect 函数

Python 连接 MySQL 数据库主要使用的方法是 connect。connect 方法生成一个 connect 对象，用于访问数据库，其参数如下。

（1）user：Username。

（2）password：Password。

（3）host：Hostname。

（4）database：DatabaseName。

（5）dsn：Data source name。

注意并非所有的接口程序都严格按照这种格式，如 MySQLdb。

```
import MySQLdb
conn = MySQLdb.connect（host='localhost', db='test01', user='root', passwd='123456', port=3306, charset='utf8'）
```

connect 对象方法如下。

（1）close（）：关闭数据库连接，或者关闭游标对象。

（2）commit（）：提交当前事务。

（3）rollback（）：取消当前事务。

（4）cursor（）：创建游标或类游标对象。

（5）errorhandler（cxn, errcls, errval）：作为已给游标的句柄。

3. 游标对象

上面说了 connect 方法用于提供连接数据库的接口，如果要对数据库进行操作，还需要使用游标对象。游标对象的属性和方法如下。

（1）fetchone（）：可以看作取出（fetch）一个结果（one），即得到结构集的一行数据。

（2）fetchmany（size）：可以看作取出（fetch）多个结果（many），这里的参数 size 是获取结果的个数，将返回结果集的 size 行结果。

（3）fetchall（）：顾名思义，该函数用于获取所有结果。

（4）execute（sql）：执行数据库操作，参数为 sql 语句。

（5）close（）：关闭操作，当不需要游标时尽可能调用该函数关闭。

下面通过简单的示例进行讲解。

### 3.3.3 示例

在 3.3.2 小节中，我们创建了数据库"test01"和表"student"，同时插入了数据。那么，怎样通过 Python 来显示呢？

首先，我们通过"show databases"语句查看本地数据库中所包含的数据库名称，再对数据库进行操作，Python 代码如下所示。

```
import MySQLdb

try:
    conn=MySQLdb.connect（host='localhost', user='root', passwd='123456',
port=3306）
    cur=conn.cursor（）
    res = cur.execute（'show databases'）
    print res
    for data in cur.fetchall（）:
        print '%s' % data
    cur.close（）
    conn.close（）
except MySQLdb.Error, e:
    print "Mysql Error %d：%s" %（e.args[0], e.args[1]）
```

上述代码的核函数是连接数据库，调用 connectc（）实现，如下所示。

```
conn=MySQLdb.connect（host='localhost', user='root', passwd='123456',
port=3306）
```

　　访问 root 超级用户，其密码为"123456"，端口为"3306"，其结果如图 3-25 所示。

```
>>>
5
information_schema
mysql
performance_schema
test
test01
>>>
```

图 3-25　查询所有数据库名称

　　如果不知道本地数据库的名称，可以通过该方法，先查询数据库中包含哪些数据库，然后再连接该数据库进行相关操作。

　　下面介绍查询表 student 中数据，代码如下，通过 connect（）连接数据库、conn.cursor（）定义游标，然后调用游标的 excute（sql）执行数据库操作，再通过 fetchall（）函数获取所有数据。

```
# coding：utf-8
import MySQLdb

try：
    conn=MySQLdb.connect（host='localhost'，user='root'，passwd='123456'，port=3306，db='test01'，charset='utf8'）
    cur=conn.cursor（）
    res = cur.execute（'select * from student'）
    print u'表中包含'，res，u'条数据\n'
    print u'数据如下：（姓名 密码 序号）'
    for data in cur.fetchall（）：
        print '%s %s %s' % data
    cur.close（）
    conn.close（）
except MySQLdb.Error，e：
    print "Mysql Error %d：%s" %（e.args[0]，e.args[1]）
```

输出结果如图 3-26 所示。

```
>>> ============================= RESTART =============================
>>>
表中包含 3 条数据

数据如下:(姓名 密码 序号)
esatmount 123456 1
yangxiuzhang 123456 2
xiaoy 123456 3
>>>
```

图 3-26　查询表数据

对应的 MySQL 中的结果是一致的，图 3-27 是对应的结果。

```
mysql> select * from student;
+--------------+----------+-------+
| username     | password | stuid |
+--------------+----------+-------+
| esatmount    | 123456   |     1 |
| yangxiuzhang | 123456   |     2 |
| xiaoy        | 123456   |     3 |
+--------------+----------+-------+
3 rows in set (0.00 sec)
```

图 3-27　查询表数据

下面这段代码是创建一张教师表，主要是通过 commit（）提交数据。

```
# coding：utf-8
import MySQLdb

try：
    conn=MySQLdb.connect（host='localhost'，user='root'，passwd='123456'，
port=3306，db='test01'，charset='utf8'）
    cur=conn.cursor（）

    #查看表
    print u'插入前包含表：'
    cur.execute（'show tables'）
    for data in cur.fetchall（）：
        print '%s' % data
```

```
            #插入数据
            sql = '''create table teacher（id int not null primary key auto_increment，
                                        name char（30）not null，
                                        sex char（20）not null
                    ）'''
            cur.execute（sql）

            #查看表
            print u'\n 插入后包含表：'
            cur.execute（'show tables'）
            for data in cur.fetchall（）：
                print '%s' % data
            cur.close（）
            conn.commit（）
            conn.close（）
     except MySQLdb.Error，e：
            print "Mysql Error %d：%s" %（e.args[0]，e.args[1]）
```

输出结果如图 3-28 所示，插入教师表，包含字段：教师序号（id）、教师名称（name）、教师性别（sex）。

```
>>>
插入前包含表：
student

插入后包含表：
student
teacher
>>> ============================== RESTART ==============================
```

图 3-28　新建表

插入数据也可以通过 execute（sql）方法实现，如 cur.execute（"insert into student values（'yxz'，'111111'，'10'）"）。

## 3.4　常见的语料知识库

随着计算机和互联网技术的飞速发展和广泛普及，互联网已经成为人类获取知识的最大平台。YouTube 网站的所有用户在一分钟内可以累计上传约 72 小时的视频，Facebook 社交网站在每秒中就有约 41 000 个帖子发布。预计到 2020 年时，全球互联网的数据总量将会超过40ZB。在数据挖掘、自然语言处理和知识图谱中存在各种语料知识库，而这些语料知识库给大家提供了极大的方便，我们如果需要对某个专业领域的数据进行分析，建议爬取相关的数据，如果是构建一些知识库或知识图谱，可以采纳一些常见的语料知识库，本节主要介绍 WordNet、知网、哈工大词林等语料知识库。

### 3.4.1 语料库

语料库通常是指为语言研究收集的、用电子形式保存的语言材料，由自然出现的书面语或口语的样本汇集而成，用来表示特定的语言或语言变体。经过科学选材和标注、具有适当规模的语料库能够反映和记录语言的实际使用情况。人们通过语料库观察和把握语言事实，分析和研究语言系统的规律。语料库已经成为语言学理论研究、应用研究和语言工程不可缺少的基础资源。

语料库有多种类型，确定类型的主要依据是它的研究目的和用途，这一点往往体现在语料采集的原则和方式上。语料库可以分为四种类型。

（1）异质的（heterogeneous）：没有特定的语料收集原则，广泛收集并原样存储各种语料。

（2）同质的（homogeneous）：只收集同一类内容的语料。

（3）系统的（systematic）：根据预先确定的原则和比例收集语料，使语料具有平衡性和系统性，能够代表某一范围内的语言事实。

（4）专用的（specialized）：只收集用于某一特定用途的语料。

除此之外，按照语料的采集单位，语料库又可以分为语篇的、语句的、短语的。双语和多语语料库按照语料的组织形式，还可以分为平行（对齐）语料库和比较语料库，前者的语料构成译文关系，多用于机器翻译、双语词典编撰等应用领域，后者将表述同样内容的不同语言文本收集到一起，多用于语言对比研究。

我国语料库的建设始于 20 世纪 80 年代，当时的主要目标是汉语词汇统计研究。进入 90 年代以后，语料库方法在自然语言信息处理领域得到了广泛的应用，建立了各种类型的语料库，研究的内容涉及语料库建设中的各个问题。90年代末到 21 世纪初这几年是语料库开发和应用的进一步发展时期，除了语言信息处理和言语工程领域以外，语料库方法在语言教学、词典编纂、现代汉语和汉语史研究等方面也得到了越来越多的应用。

语料库与语言信息处理有着某种天然的联系。当人们还不了解语料库方法的时候，在自然语言理解和生成、机器翻译等研究中，分析语言的主要方法是基于规则的（rule-based）方法。对于用规则无法表达或不能涵盖的语言事实，计算机就很难处理。语料库出现以后，人们利用它对大规模的自然语言进行调查和统计，建立统计语言模型，研究和应用基于统计的（statistical-based）语言处理技术，在数据挖掘、信息检索、文本分类、文本过滤、信息抽取等应用方向取得了进展。另外，语言信息处理技术的发展也为语料库的建设提供了支持。从字符编码、文本输入和整理，语料的自动分词和标注，到语料的统计和检索，自然语言信息处理的研究都为语料的加工提供了关键性的技术。

图 3-29 是语料开发年代和词汇量的信息，其中带灰色阴影的是中文语料，即人民日报 50 年语料、北大富士通语料。

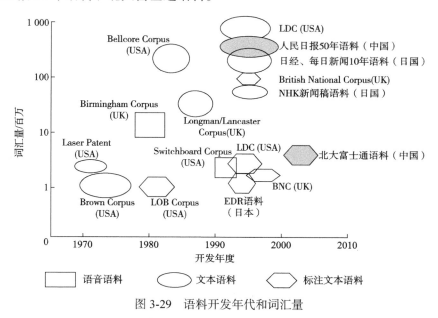

图 3-29　语料开发年代和词汇量

### 3.4.2　知识图谱

2012 年 5 月，谷歌公司的知识图谱（Knowledge Graph）产品被正式提出，其旨在将人、地点、物等信息作为实体，将实体间的联系作为关系，并将实体和关系以图的形式进行存储。作为语义网的最新产物，知识图谱这种新型的搜索引擎改变了传统的文本搜索结果，而随后国内公司也开发出了相应产品，如百度公司的"知心"和搜狗公司的"知立方"等。

传统的文本搜索引擎只能将搜索得到的结果列表呈现给用户供用户自行选择，知识图谱则可以查找用户搜索的实体，返回实体中相应的属性和属性值给用户。例如，用户搜索周杰伦的星座、身高、出生地等信息，如图 3-30 所示，知识图谱会以知识卡片（knowledge card）的形式将"周杰伦"实体中对应的属性展示给用户。

图 3-30　百度直接问答举例

　　知识图谱本质上属于一种语义网。知识图谱中的每一条数据或事实一般会采用实体、属性、属性值的三元组形式来描述。基于知识图谱，开发人员可以开发语义相关应用，如语义搜索、问答系统、实体推荐等应用。知识图谱的知识库也可以用于大数据挖掘预处理与分析。其中主流的知识库和知识图谱如表 3-1 所示。

表 3-1　主流知识库和知识图谱

| 名称 | 规模 | 特点和说明 |
|------|------|-----------|
| DBPedia | 1 900 万实体，1 亿关系 | 世界上最大的多领域知识库之一 |
| Freebase | 6 800 万实体，10 亿关系 | 所有内容均为用户添加，含有多领域、高度结构化形式的数据，是最为著名的开放知识库之一 |
| YAGO | 1 000 万实体，1.2 亿事实 | 德国的马克斯·普朗克研究所开发的知识库。数据来源主要包括维基百科、WordNet、 GeoNames |
| Probase | 270 万概念 | 微软公司发布的基于概率化构建的知识库，支持针对短文本的语义理解，是包含概念最多的知识库之一 |
| Knowledge Graph | 5 亿实体，35 亿条事实 | 谷歌公司开发的知识图谱系统，是最大最完善的知识图谱之一，是知识图谱的始祖 |
| Facebook Graph Search | 针对 10 亿用户 | Facebook 公司针对用户社交数据建立的知识图谱，着重于将人作为实体进行关联 |
| 知心 | 未知 | 百度公司发布的中文知识图谱，提供用户查询理解和知识问答等智能服务，更加侧重于搜索深度和实体推荐 |
| 知立方 | 未知 | 搜狗公司发布的中文知识库搜索引擎，是中国首个知识图谱产品，侧重于逻辑推理和查询理解 |

### 3.4.3　WordNet

WordNet 是由普林斯顿大学的心理学家、语言学家和计算机工程师联合设计的一种基于认知语言学的英语词典。它不是只把单词以字母顺序排列，而且按照单词的意义组成一个"单词的网络"。WordNet 根据词条的意义将它们分组，每一个具有相同意义的字条组称为一个 Synset（同义词集合）。WordNet 为每一个 Synset 提供了简短，概要的定义，并记录不同 Synset 之间的语义关系。

　　WordNet 是一个覆盖范围宽广的英语词汇语义网。名词、动词、形容词和副词各自被组织成一个同义词的网络，每个同义词集合都代表一个基本的语义概念，并且这些集合之间也由各种关系连接，一个多义词将出现在它的每个意思的同义词集合中。在 WordNet 的第一版中（标记为 1.x），四种不同词性的网络之间并无连接。图 3-31 是搜索单词"car"返回的结果。

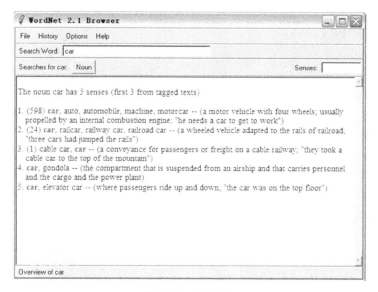

图 3-31　WordNet

　　名词网络的主干是蕴含关系的层次（上位/下位关系），它占据了关系中的将近 80%。层次中的最顶层是 11 个抽象概念，称为基本类别始点（unique beginners），如实体（entity，"有生命的或无生命的具体存在"），心理特征（psychological feature，"生命有机体的精神上的特征"）。名词层次中最深的层次是 16 个节点。

　　WordNet 的描述对象包含 compound（复合词）、phrasal verb（短语动词）、collocation（搭配词）、idiomatic phrase（成语）、word（单词），其中 word 是最基本的单位。WordNet 并不把词语分解成更小的有意义的单位（这是义素分析法的方法）；WordNet 也不包含比词更大的组织单位（如脚本、框架之类的单位）；由于 WordNet 把 4 个开放词类区分为不同文件加以处理，因而 WordNet 中也不包含词语的句法信息内容；WordNet 包含紧凑短语，如 bad person，这样的语言成分不能被作为单个词来加以解释。

　　WordNet 跟传统的词典相似的地方是它给出了同义词集合的定义以及例句。同义词集合中包含对这些同义词的定义。对一个同义词集合中的不同的词，分别给出适合的例句来加以区分。WordNet 跟同义词词林相似的地方是：它也是以同义词集合（Synset）作为基本建构单位进行组织的。用户脑子里如果有一个已知的概念，就可以在同义词集合中找到一个适合的词去表达这个概念。但 WordNet 不仅仅是用同义词集合的方式罗列概念。同义词集合之间是以一定数量的关系类型相关联的。这些关系包括上下位关系、整体部分关系、继承关系等。

### 3.4.4　知网

　　知网（英文名称为 HowNet）是一个以汉语和英语的词语所代表的概念为描述对象，以揭示概念与概念之间以及概念所具有的属性之间的关系为基本内容的常识知识库。计算机化是知网的重要特色。知网是面向计算机的，是借助于计算机建立的，将来可能是计算机的智能构件，如图 3-32 所示。

　　知网作为一个知识系统，它是一个网而不是树。它着力要反映的是概念的共性和个性，如对于"医生"和"患者"，"人"是它们的共性。知网在主要特性文件中描述了"人"所具有的共性，那么"医生"的个性是他是"医治"的施事，而"患者"的个性是他是"患病"的经验者。对于"富翁"和"穷人"、"美女"和"丑八怪"而言，"人"是他们的共性。而"贫""富"与"美""丑"等不同的属性值，则是他们的个性。

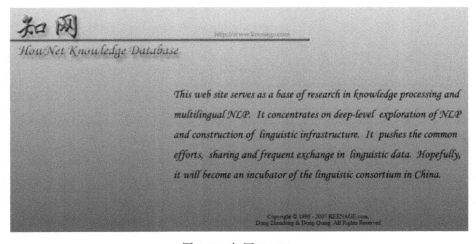

图 3-32　知网 HowNet

同时知网还着力反映概念之间和概念的属性之间的各种关系。知网把下面的一种知识网络体系明确地教给了计算机，进而使知识对计算机而言是可操作的。总体来说，知网描述了下列各种关系。

（1）上下位关系（由概念的主要特征体现，请参见《知网管理工具》）。

（2）同义关系（可通过《同义、反义以及对义组的形成》获得）。

（3）反义关系（可通过《同义、反义以及对义组的形成》获得）。

（4）对义关系（可通过《同义、反义以及对义组的形成》获得）。

（5）部件-整体关系（由在整体前标注 % 体现，如"心""CPU"等）。

（6）属性-宿主关系（由在宿主前标注 & 体现，如"颜色""速度"等）。

（7）材料-成品关系（由在成品前标注? 体现，如"布""面粉"等）。

（8）施事/经验者/关系主体-事件关系（由在事件前标注 * 体现，如"医生""雇主"等）。

（9）受事/内容/领属物等-事件关系（由在事件前标注 $ 体现，如"患者""雇员"等）。

（10）工具-事件关系（由在事件前标注 * 体现，如"手表""计算机"等）。

（11）场所-事件关系（由在事件前标注 @ 体现，如"银行""医院"等）。

（12）时间-事件关系（由在事件前标注 @ 体现，如"假日""孕期"等）。

（13）值-属性关系（直接标注无须借助标识符，如"蓝""慢"等）。

（14）实体-值关系（直接标注无须借助标识符，如"老师""学生"等）。

（15）事件-角色关系（由加角色名体现，如"购物""盗墓"等）。

（16）相关关系（由在相关概念前标注 # 体现，如"谷物""煤田"等）。

知网的一个重要特点是：类似于同义、反义、对义等种种关系是借助于《同义、反义以及对义组的形成》由用户自行形成的，而不是逐一地、显性地标注在各个概念之上的。

知网是一个知识系统，而不是一部语义词典，尽管被我们称为知识词典的常识性知识库是知网最基本的数据库。知网全部的主要文件包括知识词典构成了一个有机结合的知识系统。例如，主要特征文件，次要特征文件，同义、反义以及对义组的形成，事件关系和角色转换等都是系统的重要组成部分，而不仅仅是标注的规格文件。希望用户将来把它们与知识词典一起加以利用。

### 3.4.5 哈工大同义词词林

《同义词词林》是梅家驹等于 1983 年编纂而成的，初衷是希望提供较多的同义词语，对创作和翻译工作有所帮助。但我们发现，这本词典中不仅包括了一个词语的同义词，也包含了一定数量的同类词，即广义的相关词。

由于《同义词词林》著作时间较为久远，且之后没有更新，所以原书中的某些词语成为生僻词，而很多新词又没有加入。有鉴于此，哈尔滨工业大学信息检索实验室利用众多词语相关资源，并投入大量的人力和物力，完成了一部具有汉语大词表的《哈工大信息检索研究中心同义词词林扩展版》。如图3-33所示，每个词对应一系列的同义词。

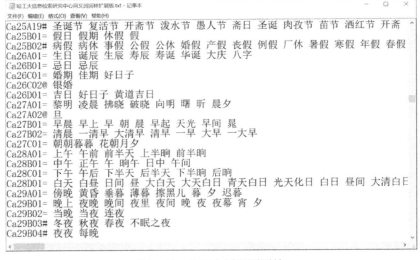

图 3-33　哈工大同义词词林

扩展版剔除了原版中的 14 706 个罕用词和非常用词，最终的词表包含 77 343 条词语。扩展后的《同义词词林》，含有比较丰富的语义信息。具体内容可以从参考"哈工大信息检索研究中心（HIT CIR）语言技术平台"的共享资源和程序步骤，表 3-2 是哈工大信息检索研究中心对外共享资源。

表 3-2　哈工大信息检索研究中心对外共享资源

| 共享内容 | 详细内容 |
| --- | --- |
| 语料资源 | 哈工大信息检索研究中心汉语依存树库<br>〔HIT-CIR Chinese Dependency Treebank〕 |
|  | 哈工大信息检索研究中心同义词词林扩展版<br>〔HIT-CIR Tongyici Cilin（Extended）〕 |

续表

| 共享内容 | 详细内容 |
| --- | --- |
| 语言处理模块 | 断句［SplitSentence：Sentence Splitting］ |
| | 词法分析［IRLAS：Lexical Analysis System］ |
| | 基于 SVMTool 的词性标注［PosTag：Part-of-speech Tagging］ |
| | 命名实体识别［NER：Named Entity Recognition］ |
| | 基于动态局部优化的依存句法分析［Parser：Dependency Parsing］ |
| | 基于图的依存句法分析［GParser：Graph-based DP］ |
| | 全文词义消歧［WSD：Word Sense Disambiguation］ |
| | 浅层语义标注模块［SRL：hallow Semantics Labeling］ |
| 数据表示 | 语言技术置标语言［LTML：Language Technology Markup Language］ |
| 可视化工具 | LTML 可视化 XSL |

最后希望读者可以结合作者的另一本书籍《基于 Python 的 Web 大数据爬取实战指南》和相关的语料知识库进行大数据预处理和数据分析等研究。后面的章节也将从各个方面详细分析预处理和数据分析的过程。

# 第4章　正则表达式和基本字符串函数

正则表达式是对字符串操作的一种逻辑公式，就是用事先定义好的一些特定字符及这些特定字符的组合，组成一个"规则字符串"，这个"规则字符串"用来表达对字符串的一种过滤逻辑。正则表通常被用来检索、替换那些符合某个模式（规则）的文本。在对中文字符或英文文本进行预处理或数据分析的过程中，通常会涉及各种字符串处理。本章主要简单介绍正则表达式的含义及 Python 正则表达式的方法，同时讲述基本的字符串处理函数，最后简单介绍字符编码。

## 4.1　正则表达式

### 4.1.1　正则表达式概述

正则表达式，又称规则表达式，英文是 regular expression，在代码中常简写为 regex、regexp 或 RE。正则表通常被用来检索、替换那些符合某个模式（规则）的文本。正则表达式是对字符串进行操作的一种逻辑公式，就是用事先定义好的一些特定字符及这些特定字符的组合，组成一个"规则字符串"，这个"规则字符串"用来表达对字符串的一种过滤逻辑。

给定一个正则表达式和另一个字符串，我们可以达到如下目的。

（1）给定的字符串是否符合正则表达式的过滤逻辑（称作"匹配"）。

（2）可以通过正则表达式，从字符串中获取我们想要的特定部分。

正则表达式的特点有以下三点。

（1）灵活性、逻辑性和功能性非常强。

（2）可以迅速地用极简单的方式做到字符串的复杂控制。

（3）对于刚接触的人来说，比较晦涩难懂。

由于正则表达式主要应用对象是文本，因此它在各种文本编辑器场合都有应用，如小型编辑器 EditPlus，大型编辑器 Microsoft Word、Visual Studio、MyEclipse 等，都可以使用正则表达式来处理文本内容。

图 4-1 展示了使用正则表达式进行匹配的流程。

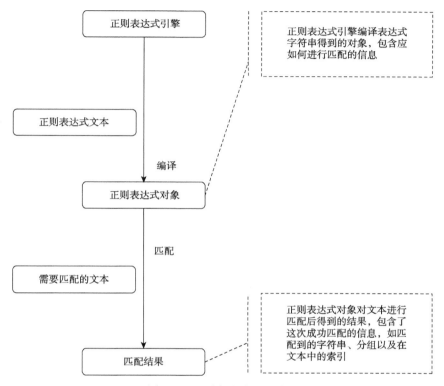

图 4-1　正则表达式匹配流程

正则表达式的大致匹配过程是：依次拿出表达式和文本中的字符进行比较，如果每一个字符都能匹配，则匹配成功；一旦有匹配不成功的字符则匹配失败。如果表达式中有量词或边界，这个过程会稍微有一些不同，但也是很好理解的，我们通过后面的示例来说明。

## 4.1.2　Python 正则表达式

正则表达式并不是 Python 的一部分。正则表达式是用于处理字符串的强大工具，拥有自己独特的语法以及一个独立的处理引擎，效率上可能不如 str 自带的方法，但功能十分强大。得益于这一点，在提供了正则表达式的语言里，正则表达式的语法都是一样的，区别只在于不同的编程语言实现支持的语法数量不同；但不用担心，不被支持的语法通常是不常用的部分。如果已经在其他语言里使用过正则表达式，那么只需要简单看一看就可以上手了。

图 4-2 列出了 Python 支持的正则表达式的元字符和预定义字符集，具体含义参考图 4-2。

| 语法 | 说明 | 表达式实例 | 完整匹配的字符串 |
|---|---|---|---|
| 字符 | | | |
| 一般字符 | 匹配自身 | abc | abc |
| . | 匹配任意除换行符"\n"外的字符。在DOTALL模式中也能匹配换行符。 | a.c | abc |
| \ | 转义字符，使后一个字符改变原来的意思。如果字符串中有字符*需要匹配，可以使用\*或者字符集[*]。 | a\.c<br>a\\c | a.c<br>a\c |
| [...] | 字符集（字符类）。对应的位置可以是字符集中任意字符。字符集中的字符可以逐个列出，也可以给出范围，如[abc]或[a-c]。第一个字符如果是^则表示取反，如[^abc]表示不是abc的其他字符。所有的特殊字符在字符集中都失去其原有的特殊含义。在字符集中如果要使用]、-或^，可以在前面加上反斜杠，或把]、-放在第一个字符，把^放在非第一个字符。 | a[bcd]e | abe<br>ace<br>ade |
| 预定义字符集（可以写在字符集[...]中） | | | |
| \d | 数字：[0-9] | a\dc | a1c |
| \D | 非数字：[^\d] | a\Dc | abc |
| \s | 空白字符：[<空格>\t\r\n\f\v] | a\sc | a c |
| \S | 非空白字符：[^\s] | a\Sc | abc |
| \w | 单词字符：[A-Za-z0-9_] | a\wc | abc |
| \W | 非单词字符：[^\w] | a\Wc | a c |

图 4-2　正则表达式的元字符和预定义字符集

图 4-3 列出了 Python 正则表达式的数量词。

| 数量词（用在字符或(...)之后） | | | |
|---|---|---|---|
| * | 匹配前一个字符0或无限次。 | abc* | ab<br>abccc |
| + | 匹配前一个字符1次或无限次。 | abc+ | abc<br>abccc |
| ? | 匹配前一个字符0次或1次。 | abc? | ab<br>abc |
| {m} | 匹配前一个字符m次。 | ab{2}c | abbc |
| {m,n} | 匹配前一个字符m至n次。m和n可以省略：若省略m，则匹配0至n次；省略n，则匹配m至无限次。 | ab{1,2}c | abc<br>abbc |
| *? +? ??<br>{m,n}? | 使 * + ? {m,n}变成非贪婪模式。 | 示例将在下文中介绍。 | |

图 4-3　正则表达式的数量词

图 4-4 列出了 Python 正则表达式的边界匹配。

| 边界匹配（不消耗待匹配字符串中的字符） | | | |
|---|---|---|---|
| ^ | 匹配字符串开头。<br>在多行模式中匹配每一行的开头。 | ^abc | abc |
| $ | 匹配字符串末尾。<br>在多行模式中匹配每一行的末尾。 | abc$ | abc |
| \A | 仅匹配字符串开头。 | \Aabc | abc |
| \Z | 仅匹配字符串末尾。 | abc\Z | abc |
| \b | 匹配\w和\W之间。 | a\b!bc | a!bc |
| \B | [^\b] | a\Bbc | abc |

图 4-4　正则表达式的边界匹配

图 4-5 列出了 Python 正则表达式的逻辑、分组和特殊构造。

| 逻辑、分组 | | | |
|---|---|---|---|
| \| | \|代表左右表达式任意匹配一个。<br>它总是先尝试匹配左边的表达式，一旦成功匹配则跳过匹配右边的表达式。<br>如果\|没有被包括在()中，则它的范围是整个正则表达式。 | abc\|def | abc<br>def |
| (...) | 被括起来的表达式将作为分组，从表达式左边开始每遇到一个分组的左括号'('，编号+1。<br>另外，分组表达式作为一个整体，可以后接数量词。表达式中的\|仅在该组中有效。 | (abc){2}<br>a(123\|456)c | abcabc<br>a456c |
| (?P<name>...) | 分组，除了原有的编号外再指定一个额外的别名。 | (?P<id>abc){2} | abcabc |
| \<number> | 引用编号为<number>的分组匹配到的字符串。 | (\d)abc\1 | 1abc1<br>5abc5 |
| (?P=name) | 引用别名为<name>的分组匹配到的字符串。 | (?P<id>\d)abc(?P=id) | 1abc1<br>5abc5 |
| 特殊构造（不作为分组） | | | |
| (?:...) | (...)的不分组版本，用于使用'\|'或后接数量词。 | (?:abc){2} | abcabc |
| (?iLmsux) | iLmsux的每个字符代表一个匹配模式，只能用在正则表达式的开头，可选多个。匹配模式将在下文中介绍。 | (?i)abc | AbC |
| (?#...) | #后的内容将作为注释被忽略。 | abc(?#comment)123 | abc123 |
| (?=...) | 之后的字符串内容需要匹配表达式才能成功匹配。<br>不消耗字符串内容。 | a(?=\d) | 后面是数字的a |
| (?!...) | 之后的字符串内容需要不匹配表达式才能成功匹配。<br>不消耗字符串内容。 | a(?!\d) | 后面不是数字的a |
| (?<=...) | 之前的字符串内容需要匹配表达式才能成功匹配。<br>不消耗字符串内容。 | (?<=\d)a | 前面是数字的a |
| (?<!...) | 之前的字符串内容需要不匹配表达式才能成功匹配。<br>不消耗字符串内容。 | (?<!\d)a | 前面不是数字的a |

图 4-5　正则表达式的逻辑、分组和特殊构造

正则表达式通常用于在文本中查找匹配的字符串。Python 里数量词默认是贪婪的（在少数语言里也可能是默认非贪婪），总是尝试匹配尽可能多的字符；非贪婪的则相反，总是尝试匹配尽可能少的字符。例如，正则表达式

"ab*" 如果用于查找 "abbbc"，将找到 "abbb"。而如果使用非贪婪的数量词 "ab*?"，将找到 "a"。

正则表达式提供了一些可用的匹配模式，如忽略大小写、多行匹配等，这部分内容将在 Pattern 类的工厂方法 re.compile（pattern[，flags]）中一起介绍。

1. re 模块

Python 通过 re 模块提供对正则表达式的支持。使用 re 的一般步骤是先将正则表达式的字符串形式编译为 Pattern 实例，然后使用 Pattern 实例处理文本并获得匹配结果（一个 Match 实例），最后使用 Match 实例获得信息，进行其他操作。

```
# encoding：UTF-8
import re
# 将正则表达式编译成 Pattern 对象
pattern = re.compile（r'hello'）

# 使用 Pattern 匹配文本，获得匹配结果，无法匹配时将返回 None
match = pattern.match（'hello world！'）
if match：
    # 使用 Match 获得分组信息
    print match.group（）
### 输出 ###
# hello
re.compile（strPattern[，flag]）：
```

这个方法是 Pattern 类的工厂方法，用于将字符串形式的正则表达式编译为 Pattern 对象。第二个参数 flag 是匹配模式，取值可以使用按位或运算符 "|" 表示同时生效，如 re.I | re.M。另外，也可以在 regex 字符串中指定模式，如 re.compile（'pattern', re.I | re.M）与 re.compile（'（？im）pattern'）是等价的，可选值如下。

（1）re.I（re.IGNORECASE）：忽略大小写（括号内是完整写法，下同）。

（2）M（MULTILINE）：多行模式，改变'^'和'$'的行为（参见图 4-4）。

（3）S（DOTALL）：点任意匹配模式，改变'.'的行为。

（4）L（LOCALE）：使预定字符类 \w \W \b \B \s \S 取决于当前区域设定。

（5）U（UNICODE）：使预定字符类 \w \W \b \B \s \S \d \D 取决于 unicode 定义的字符属性。

（6）X（VERBOSE）：详细模式。这个模式下正则表达式可以是多行，忽略空白字符，并可以加入注释。

re 提供了众多模块方法用于完成正则表达式的功能。这些方法可以使用 Pattern 实例的相应方法替代，唯一的好处是少写一行 re.compile（）代码，但同时也无法复用编译后的 Pattern 对象。这些方法将在 Pattern 类的实例方法部分一起介绍，如上面这个例子可以简写为：

```
m = re.match（r'hello', 'hello world! '）
print m.group（）
```

re 模块还提供了一个方法 escape（string），是用来将 string 中的正则表达式元字符如*/+/? 等之前加上转义符，常用于需要大量匹配元字符时。

2. Match

Match 对象是一次匹配的结果，包含了很多关于此次匹配的信息，可以使用 Match 提供的可读属性或方法来获取这些信息。

属性如下。

（1）string：匹配时使用的文本。

（2）re：匹配时使用的 Pattern 对象。

（3）pos：文本中正则表达式开始搜索的索引。值与 Pattern.match（）和 Pattern.seach（）方法的同名参数相同。

（4）endpos：文本中正则表达式结束搜索的索引。值与 Pattern.match（）和 Pattern.seach（）方法的同名参数相同。

（5）lastindex：最后一个被捕获的分组在文本中的索引。如果没有被捕获的分组，将为 None。

（6）lastgroup：最后一个被捕获的分组的别名。如果这个分组没有别名或者没有被捕获的分组，将为 None。

方法如下。

（1）group（[group1，…]）：获得一个或多个分组截获的字符串；指定多个参数时将以元组形式返回。group1 可以使用编号也可以使用别名；编号 0 代表整个匹配的子串；不填写参数时，返回 group（0）；没有截获字符串的组返回 None；截获了多次的组返回最后一次截获的子串。

（2）groups（[default]）：以元组形式返回全部分组截获的字符串。相当于调用 group（1，2，…，last）。default 表示以这个值替代没有截获字符串的组，默认为 None。

（3）groupdict（[default]）：返回以有别名的组的别名为键、以该组截获的子串为值的字典，没有别名的组不包含在内，default 含义同上。

（4）start（[group]）：返回指定的组截获的子串在 string 中的起始索引（子

串第一个字符的索引）。group 默认值为 0。

（5）end（[group]）：返回指定的组截获的子串在 string 中的结束索引（子串最后一个字符的索引加 1）。group 默认值为 0。

（6）span（[group]）：返回（start[group]，end[group]）。

（7）expand（template）：将匹配到的分组代入 template 中然后返回。template 中可以使用\id 或\g<id>、\g<name>引用分组，但不能使用编号 0。\id 与\g<id>是等价的，但\10 将被认为是第 10 个分组，如果想表达\1 之后是字符"0"，只能使用\g<1>0。

```
import re
m = re.match（r'（\w+）（\w+）（? P<sign>.*）', 'hello world! '）

print "m.string：", m.string
print "m.re：", m.re
print "m.pos: ", m.pos
print "m.endpos: ", m.endpos
print "m.lastindex: ", m.lastindex
print "m.lastgroup: ", m.lastgroup

print "m.group（1，2）: ", m.group（1，2）
print "m.groups（）: ", m.groups（）
print "m.groupdict（）: ", m.groupdict（）
print "m.start（2）: ", m.start（2）
print "m.end（2）: ", m.end（2）
print "m.span（2）: ", m.span（2）
print r"m.expand（r'\2 \1\3'）: ", m.expand（r'\2 \1\3'）

### output ###
# m.string：hello world!
# m.re：<_sre.SRE_Pattern object at 0x016E1A38>
# m.pos：0
# m.endpos：12
# m.lastindex：3
# m.lastgroup：sign
# m.group（1，2）:（'hello', 'world'）
```

```
# m.groups（）：（'hello', 'world', '! '）
# m.groupdict（）：{'sign': '! '}
# m.start（2）：6
# m.end（2）：11
# m.span（2）：（6，11）
# m.expand（r'\2 \1\3'）：world hello!
```

3. Pattern

Pattern 对象是一个编译好的正则表达式，通过 Pattern 提供的一系列方法可以对文本进行匹配查找。

Pattern 不能直接实例化，必须使用 re.compile（）进行构造。Pattern 提供了几个可读属性用于获取表达式的相关信息。

（1）pattern：编译时用的表达式字符串。

（2）flags：编译时用的匹配模式，数字形式。

（3）groups：表达式中分组的数量。

（4）groupindex：以表达式中有别名的组的别名为键、以该组对应的编号为值的字典，没有别名的组不包含在内。

```
import re
p = re.compile（r'（\w+）（\w+）（? P<sign>.*）', re.DOTALL）

print "p.pattern：", p.pattern
print "p.flags：", p.flags
print "p.groups：", p.groups
print "p.groupindex：", p.groupindex

### output ###
# p.pattern：（\w+）（\w+）（? P<sign>.*）
# p.flags：16
# p.groups：3
# p.groupindex：{'sign': 3}
```

re 模块的实例方法如下。

（1）match（string[, pos[, endpos]]）| re.match（pattern，string[, flags]）。

这个方法将从 string 的 pos 下标处起尝试匹配 pattern；如果 pattern 结束时仍可匹配，则返回一个 Match 对象；如果匹配过程中 pattern 无法匹配，或者匹配未结束就已到达 endpos，则返回 None。

pos 和 endpos 的默认值分别为 0 和 len（string）；re.match（）无法指定这两个参数，参数 flags 用于编译 pattern 时指定匹配模式。

注意：这个方法并不是完全匹配。当 pattern 结束时若 string 还有剩余字符，仍然视为成功。想要完全匹配，可以在表达式末尾加上边界匹配符"$"。

（2）search（string[，pos[，endpos]]）| re.search（pattern，string[，flags]）。

这个方法用于查找字符串中可以匹配成功的子串。从 string 的 pos 下标处起尝试匹配 pattern，如果 pattern 结束时仍可匹配，则返回一个 Match 对象；若无法匹配，则将 pos 加 1 后重新尝试匹配；直到 pos=endpos 时仍无法匹配则返回 None。

pos 和 endpos 的默认值分别为 0 和 len（string））；re.search（）无法指定这两个参数，参数 flags 用于编译 pattern 时指定匹配模式。

```
# encoding：UTF-8
import re
# 将正则表达式编译成 Pattern 对象
pattern = re.compile（r'world'）

# 使用 search（）查找匹配的子串，不存在能匹配的子串时将返回 None
# 这个例子中使用 match（）无法成功匹配
match = pattern.search（'hello world！'）
if match：
    # 使用 Match 获得分组信息
    print match.group（）
### 输出 ###
# world
```

（3）split（string[，maxsplit]）| re.split（pattern，string[，maxsplit]）。

按照能够匹配的子串将 string 分割后返回列表。maxsplit 用于指定最大分割次数，若省略该参数，则全部分割子串。

```
import re
p = re.compile（r'\d+'）
print p.split（'one1two2three3four4'）
### output ###
# ['one'，'two'，'three'，'four'，'']
```

（4）findall（string[, pos[, endpos]]）| re.findall（pattern, string[, flags]）。
搜索 string，以列表形式返回全部能匹配的子串。

```
import re
p = re.compile（r'\d+'）
print p.findall（'one1two2three3four4'）
### output ###
# ['1', '2', '3', '4']
```

（5）finditer（string[, pos[, endpos]]）| re.finditer（pattern, string[, flags]）。
搜索 string，返回一个顺序访问每一个匹配结果（Match 对象）的迭代器。

```
import re
p = re.compile（r'\d+'）
for m in p.finditer（'one1two2three3four4'）:
    print m.group（），
### output ###
# 1 2 3 4
```

（6）sub（repl, string[, count]）| re.sub（pattern, repl, string[, count]）。
使用 repl 替换字符串 string 中每一个匹配的子串，其结果返回替换后的字符串。

当 repl 是一个字符串时，可以使用\id 或\g<id>、\g<name>引用分组，但不能使用编号 0。当 repl 是一个方法时，这个方法应当只接受一个参数（Match 对象），并返回一个字符串用于替换（返回的字符串中不能再引用分组）。

count 用于指定最多替换次数，不指定时全部替换。

```
import re
p = re.compile（r'（\w+）（\w+）'）
s = 'i say, hello world! '
print p.sub（r'\2 \1', s）
def func（m）:
    return m.group（1）.title（） + ' ' + m.group（2）.title（）
print p.sub（func, s）
### output ###
# say i, world hello!
# I Say, Hello World!
```

以上就是 Python 对于正则表达式的支持。熟练掌握正则表达式是每一个程序员必须具备的技能，希望读者能自己多练多写以熟悉正则表达式。

# 4.2　基本字符串函数

在 Python 中最重要的数据类型包括字符串、列表、元组和字典等。本节主要讲述 Python 的字符串基础知识。

## 4.2.1　字符串基础

字符串是指一有序的字符序列集合，用单引号、双引号、三重单引号或三重单引号括起来。例如：

s1='www.csdn.net'　　　s2="www.csdn.net"　　　s3='''aaabbb'''

其中字符串又分为以下几种类型。

### 1. 转义字符串

正如 C 语言中定义了一些字母前加"\"来表示常见的那些不能显示的 ASCII 字符，Python 也有转义字符，如下所示。

```
\\-反斜杠符号    \'-单引号    \"-双引号
\ a-响铃    \b-退格（Backspace）
\n-换行    \r-回车    \f-换页    \v-纵向制表符
\t-横向制表符    \e-转义
\000-空    \oyy-八进制数 yy 代表的字符
\xyy-十进制 yy 代表的字符
```

### 2. raw 字符串

Python 中原始字符串（raw strings）需在字符串前声明"r"字母，它将关闭转义机制显示所有字符；若没有"r"字母开头的字符串，"\"将作为转义字符处理，举例如下。

```
#转义字符和 raw 字符
s1="aa\nbb"
print s1
```

```
s2=r"aa\nbb"
print s2
#输出
aa
bb
aa\nbb
#raw 原始字符串处理磁盘路径
open（r'C：\temp\test.txt', 'a+'）
open（'C：\\temp\\test.txt', 'a+'）
```

### 3. unicode 字符串

告诉 Python 是 Unicode 编码，Unicode（统一码、万国码）是一种在计算机上使用的字符编码。在 Unicode 之前用的都是 ASCII 码，Unicode 通过使用一个或者多个字节来表示一个字符。Python 里面默认所有字面上的字符串都用 ASCII 编码，可以通过在字符串前面加一个"u"前缀的方式声明 Unicode 字符串，这个"u"前缀告诉 Python 后面的字符串要编成 Unicode 字符串，如 s=u'aa\nbb'。

中文处理一直很让人头疼，推荐使用 Unicode 和 Python 的中文处理。

### 4. 格式化字符串

字符串格式化功能使用字符串格式化操作符%（百分号）实现，在%的左侧放置一个字符串（格式化字符串），而右侧放置希望格式化的值，也可是元组和字典。如果需要在字符串里包括百分号，使用%%。如果右侧是元组的话，则其中每一个元素都会被单独格式化，每个值都对应一个转化说明符。

"your age %d，sex %s，record %f"%（28，"Male"，78.5）

输出：'your age 28，sex Male，record 78.500000'

它有点类似于 C 语言的 printf（"%d"，x），其中%相当于 C 语言的逗号。其中字符串格式化转换类型如下所示。

| | |
|---|---|
| d，i | 带符号的十进制整数 |
| o | 不带符号的八进制 |
| u | 不带符号的十进制 |
| x | 不带符号的十六进制（小写） |
| X | 不带符号的十六进制（大写） |
| e，E | 科学计数法表示的浮点数（小写，大写） |

f，F　　十进制浮点数

c　　　　单字符

r　　　　字符串（使用 repr 转换的任意 Python）

s　　　　字符串（使用 str 转换的任意 Python）

g，G　表示浮点数，如果指数大于 4 或小于精度值，则使用方法和 e 相同，否则使用方法和 f 相同

## 4.2.2　字符串操作

字符串的基础操作包括分割、索引、乘法、判断成员资格、求长度等。

1. +连接操作

代码如下。

```
s1='csdn' s2='Eastmount' s3=s1+s2
print s1，s2 => 输出：csdn Eastmount
print s3 => 输出：csdnEastmount
```

2. *重复操作

代码如下。

```
s1='abc'*5
print s1 => 输出：abcabcabcabcabc
```

3. 索引 s[index]

Python 的索引格式 string_name[index]，可以访问字符串里面的字符成员。

4. 切片 s[i：j]

Python 中切片的基本格式是 s[i：j：step]，其中 step 表示切片的方向，起点参数省略，则从 0 位置开始切片，终点参数省略，则切片处理至字符串结束。代码如下。

```
s='abcdefghijk'
sub=s[3：8]
print sub => 输出 defgh_
```

其中起点是 3，终点 8 不取。当 step=−1 时，表示反方向切片。代码如下。

```
s='abcdefghijk'
sub=s[-1：-4：-1]
print sub => 输出 kji
```

因为最后一个 "−1" 表示从反方向切片，s[9]='j' s[−2]='j'，正方向第一个 "a" 索引下标值为 0，最后一个'k'索引下标值为−1。故'j'为−2，而 sub[−1：−4：−1]表示从 k（−1 位置）切到 h（−4 位置，但不取该值），故结果为"kji"。

如果想完成字符串逆序，s='www.baidu.com'，则使用 s1=[−1：：−1]。起点为 m（−1），无终点表示切到最后。

### 5. 字段宽度和精度

前面讲述的 format（）函数中涉及字段宽度和精度知识，如'%6.2f'%12.345678 输出 " 12.35"，其中 6 表示字段宽度，2 表示精度，故补一个空格，同时采用四舍五入的方法结果输出 12.35。

同时，零（0）可表示数字将会用 0 填充，减号（−）用来实现左对齐数值，空白（" "）意味着正数前加上空格，在正负数对其时非常有用，加号表示不管正数还是负数都标识出符号，对齐时也有用。举例如下。

```
#字段宽度和精度
num = 12.345678
s1 = '%6.2f'%num
print s1
#补充 0
s2 = '%08.2f'%num
print s2
#减号实现左对齐
s3 = '%-8.2f'%num
print s3
#空白
print（'% 5d'%10）+ '\n' +（'% 5d'%-10）
#符号
print（'%+5d'%10）+ '\n' +（'%+5d'%-10）
```

输出结果如图 4-6 所示。

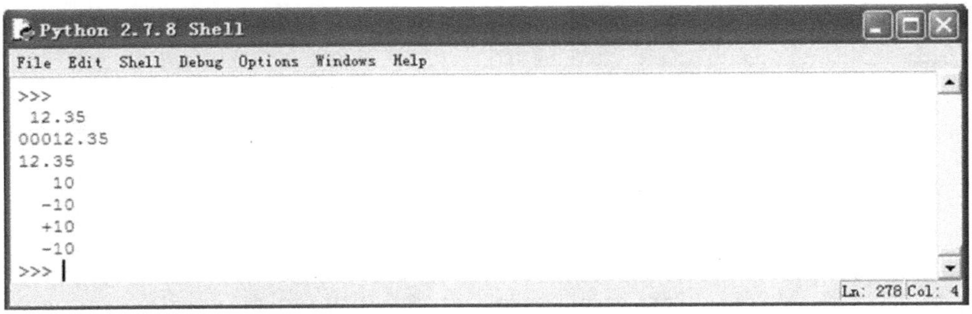

图 4-6　输出结果

### 4.2.3　字符串方法

字符串从 string 模块中"继承"了很多方法，下面讲解一些常用的方法。

1. find（）

在一个较长的字符串中查找子字符串，使它返回子串所在位置的最左端索引，如果没有找到则返回-1。其格式为"S.find（sub [，start [，end]]）"，其中该方法可接受可选的起始点和结束点参数，而 rfind（）从右往左方向查找。

```
title = 'Hello Python，Great Python'
length = len（title）
print length
print title.find（'Python'）
print title.find（'Python'，10，30）
#输出：
25
6
19
```

2. join（）

其格式为"S.join（iterable）"，含义为"Return a string which is the concatenation of the strings in the iterable. The separator between elements is S."，即用来在队列中添加元素，但队列中元素必须是字符串，它是 split 方法的逆方法。

```
seq = ['1'，'2'，'3'，'4']
sep = '+'
```

```
print sep.join（seq）　　#连接字符串列表 sep 表示'+'连接

dirs = '', 'usr', 'bin', 'env'
print '/'.join（dirs）
print 'C：'+'\\'.join（dirs）
```

输出结果如下。

```
1+2+3+4
/usr/bin/env
C：\usr\bin\env
```

3. split（）

字符串分割函数，格式为 "S.split（[sep [，maxsplit]]）"，将字符串分割成序列，如果不提供分割符，程序将会把所有空格作为分隔符。

```
#按空格拆分成 4 个单词，返回 list
s = 'please use the Python！'
li = s.split（）

print li
print '1+2+3+4+5'.split（'+'）
#输出
['please', 'use', 'the', 'Python！']
['1', '2', '3', '4', '5']
```

4. strip（）

去掉开头和结尾的空格键（两侧且不包含内部），S.strip（[chars]）可以去除指定字符。而函数 lstrip（）去除字符串最开始的所有空格，rstrip（）去除字符串最尾部的所有空格。

5. replace（）

replace（）方法返回某字符串的所有匹配项均被替换后得到字符串，如文字处理程序中的"查找并替换"功能。

6. translate（）

translate（）方法和 replace（）方法一样，可以替换字符串中的某部分，但与前者的区别是 translate（）只处理单个字符，它的优势在于可以同时替换多个，有时候效率比 replace 高。

例如，s='eastmount' s1=s.replace（'e'，'E'）将字符串'eastmount'替换为'Eastmount'。

### 7. 字符串判断

isalnum（）用于判断是否都是有效字符（字母+数字），如判断密码账号，输出 Ture\False。

isalpha（）用于判断是否是字母。

isdigit（）用于判断是否是数字。

islower（）用于判断是否全是小写。

isupper（）用于判断是否全是大写。

isspace（）用于判断是否是空格（' '）。

### 8. lower（）

该方法返回字符串的小写字母版，在判断用户名不区分大小写时使用。upper（）转换为大写，title（）函数将字符串转换为标题——所有单词的首字母大写，而其他字母小写，但是它使用的单词划分方法可能会得到不自然的结果。

```
s = 'this is a good idea'
s1 = s.upper（）

print s1
s2 = s.title（）

print s2


#输出
THIS IS A GOOD IDEA
This Is A Good Idea
```

## 4.3　字符编码简介

### 4.3.1　什么是字符集

在介绍字符集之前，我们先了解一下为什么要有字符集。我们在计算机屏幕上看到的是实体化的文字，而在计算机存储介质中存放的实际是二进制的比特流。那么在这两者之间的转换规则就需要一个统一的标准，否则当我们把 U 盘插到另一台电脑上时，文档就乱码了；别人从 QQ 上传过来的文件，在本地电脑打开后又乱码了。于是为了实现转换标准，各种字符集标准就出现了。简单地说，字符集规定了某个文字对应的二进制数字存放方式（编码）和某串二进制数值代表了哪个文字（解码）的转换关系。

那么为什么会有那么多字符集标准呢？这个问题实际上非常容易回答。为什么我们的插头拿到英国就不能用了呢？为什么显示器同时有 DVI、VGA、HDMI、DP 这么多接口呢？很多规范和标准在最初制定时并不会意识到这将会是以后全球普适的准则，或者出于维护组织本身利益而想从本质上区别于现有标准。于是，就产生了那么多具有相同效果但又不相互兼容的标准了。

### 4.3.2  什么是字符编码

字符集只是一个规则集合的名字，对应到真实生活中，字符集就是对某种语言的称呼，如英语、汉语、日语。对于一个字符集来说，要正确编码转码一个字符，则需要三个关键元素：字库表（character repertoire）、编码字符集（coded character set）、字符编码（character encoding form）。其中，字库表是一个相当于所有可读或者可显示字符的数据库，字库表决定了整个字符集能够展现表示的所有字符的范围。编码字符集，即用一个编码值 code point 来表示一个字符在字库中的位置。字符编码，即编码字符集和实际存储数值之间的转换关系。一般来说都会直接将 code point 的值作为编码后的值直接存储。例如，在 ASCII 中 A 在表中排第 65 位，而编码后 A 的数值是 0100 0001，即十进制的 65 的二进制转换结果。

统一字库表的目的是能够涵盖世界上所有的字符，但实际使用过程中我们会发现，真正能用上的字符相对整个字库表来说比例非常低。例如，中文地区的程序几乎不需要日语字符，而一些英语国家甚至用简单的 ASCII 字库表就能满足基本需求。而如果把每个字符都用字库表中的序号来存储的话，每个字符就需要 3 个字节（这里以 Unicode 字库为例），这样对于原本用仅占一个字符的 ASCII 编码的英语地区国家显然是一个额外成本（存储体积是原来的三倍）。算得直接一些，同样一块硬盘，用 ASCII 可以存 1 500 篇文章，而用 3 字节 Unicode 序号存储只能存 500 篇。于是就出现了 UTF-8 这样的变长编码。在 UTF-8 编码中原本只需要一个字节的 ASCII 字符，仍然只占一个字节。而像中文及日语这样的复杂字符就需要 2~3 个字节来存储。

那为什么会产生乱码呢？简单地说，乱码的出现是因为编码和解码时用了不同或者不兼容的字符集。对应到真实生活中，就好比一个英国人为了表示祝福而在纸上写了 bless（编码过程）。而一个法国人拿到了这张纸，由于在法语中 bless 表示受伤的意思，所以认为他想表达的是受伤（解码过程）。这个就是一个现实生活中的乱码情况。在计算机科学中也一样，一个用 UTF-8 编码后的字符，如果用 GBK 去解码，由于两个字符集的字库表不一样，同一个汉字在两个字符表的位置也不同，最终就会出现乱码。

### 4.3.3　UTF-8 编码简介

UTF-8 是字符编码，即 Unicode 规则字库的一种实现形式。随着互联网的发展，对同一字库集的要求越来越迫切，Unicode 标准也就自然而然地出现。它几乎涵盖了各个国家语言可能出现的符号和文字，并将为其编号（详见 Unicode on Wikipedia）。Unicode 的编号从 0000 开始一直到 10FFFF 共分为 16 个 Plane，每个 Plane 中有 65 536 个字符。而 UTF-8 则只实现了第一个 Plane，可见 UTF-8 虽然是一个当今接受度最广的字符集编码，但是它并没有涵盖整个 Unicode 的字库，这也造成了它在某些场景下对特殊字符的处理困难。

为了更好地理解后面的实际应用，这里简单介绍一下 UTF-8 的编码实现方法，即 UTF-8 的物理存储和 Unicode 序号的转换关系。

### 4.3.4　常用字符集

常用字符集包括以下几种。

1. ASCII 及其扩展字符集

作用：英语及西欧语言。
位数：ASCII 是用低 7 位（b7 默认为 0）表示，能表示 128 个字符；其扩展使用 8 位表示，表示 256 个字符。
范围：ASCII 从 00 到 7F，扩展从 00 到 FF。

2. ISO-8859-1（1~16）字符集

作用：扩展 ASCII，表示西欧、希腊语等。
位数：8 位。
范围：从 00 到 FF，兼容 ASCII 字符集。

3. GB2312 字符集

作用：国家简体中文字符集，兼容 ASCII。

位数：使用 2 个字节表示，能表示 7 445 个符号，包括 6 763 个汉字，涵盖所有常用汉字。

范围：高字节从 A1 到 F7，低字节从 A1 到 FE。

### 4. BIG5 字符集

作用：统一繁体字编码。

位数：使用 2 个字节表示，总计 13 053 个汉字。

范围：高字节从 A1 到 F9，低字节从 40 到 7E，A1 到 FE。

### 5. GBK 字符集

作用：它是 GB2312 的扩展，加入对繁体字的支持，兼容 GB2312。

位数：使用 2 个字节表示，可表示 21 886 个字符。

范围：高字节从 81 到 FE，低字节从 40 到 FE（7F 除外）。

### 6. UNICODE 字符集

作用：为世界 650 种语言进行统一编码，兼容 ISO-8859-1。

位数：UNICODE 字符集有多个编码方式，分别是 UTF-8、UTF-16 和 UTF-32。

范围：UTF-8 采用长字节表示，UTF-16 采用 2 字节表示，UTF-32 采用 4 字节表示。

# 第二部分　基于 Python 的
## 大数据预处理

# 第5章 数据预处理相关介绍

在机器学习、数据挖掘工作中，数据前期准备、数据爬取、数据预处理、特征提取、权重计算等几个步骤几乎要花费数据工程师一半的工作时间。同时，数据预处理的效果也直接影响了后续模型能否有效工作。然而，目前的大部分学术研究主要集中在模型的构建、优化等方面，对数据预处理的理论研究甚少，可以说，很多数据预处理工作仍然是靠工程师的经验进行的。

本书第二部分主要介绍数据预处理及数据初始操作。在第 6 章介绍中文分词技术及 Jieba 工具；第 7 章介绍数据清洗及停用词过滤；第 8 章介绍词性标注；第 9 章介绍向量空间模型及特征提取；第 10 章介绍权重计算及 TF-IDF。

## 5.1 预处理概述

我们的另一本书《基于 Python 的 Web 大数据爬取实战指南》详细介绍了基于 Python 的网络爬取技术，在通过 Python 爬虫爬取得到语料后，需要对数据集进行预处理操作，才能进行下一步的数据分析和分类聚类处理。图 5-1 表示的是数据预处理的基本过程。

具体步骤如下。

（1）采用 Python、正则表达式、Selenium 和 BeautifulSoup 技术自动分析网页 DOM 树结构并爬取语料，语料包括在线百科、微博数据、文本数据等。

（2）对爬取的语料集进行预处理。主要包括中文分词、停用词过滤、数据清洗等操作，其结果以完成分词和清洗后的词序列为单位存储在本地文件中。

（3）分别对百度百科和互动百科预处理后的文本内容和消息盒进行特征提取与权重计算。权重计算采用 TF-IDF 技术计算，并构建对应的权重向量。

（4）通过第（3）步，得到了语料的特征向量，再分别使用不同的算法进行数据分析，包括聚类算法、分类算法、LDA 主题模型、神经网络等。

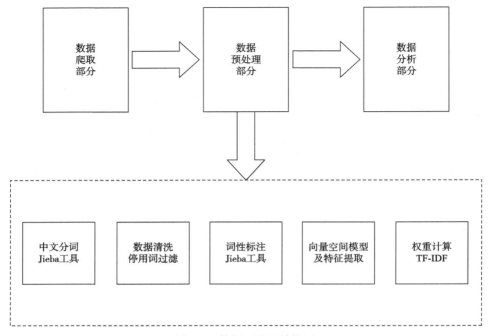

图 5-1　数据预处理结构图

（5）分析比较数据结果并进行优化。

下面分别对各个知识进行详细的介绍。

## 5.2　中　文　分　词

中文分词是把没有分割标志或没有词边界的汉字串转换成特殊符号分割的词串，即在书面汉语中建立词的边界，形成一些列的词串序列。中文分词是中文信息处理的一个主要组成部分，是中文自然语言处理、文本挖掘系统、Web 数据挖掘、文献检索、搜索引擎等领域中最基本的一部分，因而中文分词技术具有至关重要的作用。

中文分词后的文本通过空格进行连接，第 6 章主要从中文分词技术介绍、常用中文分词工具、Jieba 中文分词工具三个部分进行详细介绍，并通过一个案例进行讲解。

假设通过《基于 Python 的 Web 大数据爬取实战指南》中的爬虫技术爬取得到了 10 条新闻数据的语料，并存储在 test.txt 本地文本中，如图 5-2 所示。然后使用 Jieba 工具进行中文分词处理。

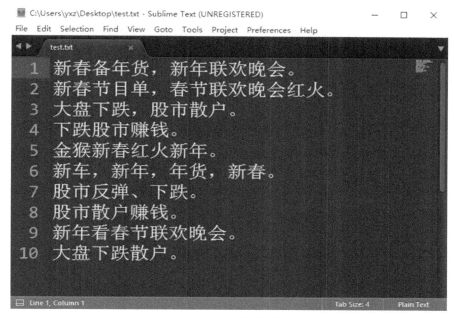

图 5-2　爬取数据语料

通过 Jieba 分词后得到的结果如图 5-3 所示，可以发现输出结果 result.txt 中句子通过空格进行链接。

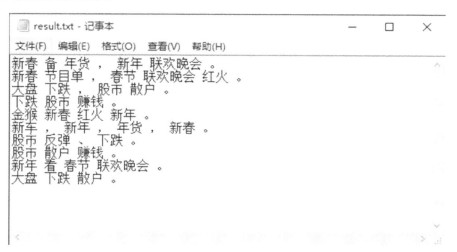

图 5-3　中文分词结果

例如，"新春备年货，新年联欢晚会。"句子的分词结果为"新春 备 年货，新年 联欢晚会。"后文会不断通过例子来讲解 Jieba 中文分词的安装过程及使用方法。

　　但是我们会发现分词的句子中存在很多标点符号,这些标点需要过滤掉;同时也会存在一些"的""我""吗"等对文本重要程度没有贡献的词语,这些通常也需要过滤掉。

# 5.3　数　据　清　洗

　　在现实生活中,脏数据在工业生产、金融、企业、管理等社会各行各业中普遍存在。这些脏数据主要是指不一致或不准确数据、陈旧数据以及人为造成的错误数据等。脏数据直接影响数据的质量,进而影响到企业或公司决策的准确性和成本的投入量。

　　在数据挖掘领域中,首先需要进行数据预处理,保证数据质量,这个过程就是数据清洗的过程。各种不同的数据挖掘系统都是针对特定的应用领域进行数据清洗的。

　　在分词步骤结束后,新的文本成为词的组合,但是并不是所有的词都与文档内容相关,这些词往往是语言中一些表意能力很差的辅助性词语,如中文词组中类似"的""得""我们""了"等词,英文中类似"a""an""the"等词。这类词语通常称为停用词(stop words),它们包括语气助词、副词、介词、连接词等,通常自身并无明确的意义。

　　第 7 章会详细介绍数据清洗及停用词过滤,主要包括:数据清洗概念、数据清洗常见方法、停用词过滤三部分,并通过 Jieba 中文分词工具进行标点符号的过滤和停用词过滤。

　　对前面的新闻数据集进行标点符号和停用词过滤后,结果如下所示。

```
新春 备 年货 新年 联欢晚会
新春 节目单 春节 联欢晚会 红火
大盘 下跌 股市 散户
下跌 股市 赚钱
金猴 新春 红火 新年
新车 新年 年货 新春
股市 反弹 下跌
股市 散户 赚钱
新年 看 春节 联欢晚会
大盘 下跌 散户
```

# 5.4　词性标注基础

词性是词汇基本的语法属性，通常也称为词类，它用来描述一个词在上下文中的作用。例如，描述一个概念的词叫做名词，在下文引用这个名词的词叫做代词。有的词性经常会出现一些新的词，如名词，这样的词性叫做开放式词性。另外一些词性中的词比较固定，如代词，这样的词性叫做封闭式词性。因为存在一个词对应多个词性的现象，所以给词准确地标注词性并不是很容易。例如，"改革"在"中国开始对计划经济体制进行改革"这句话中是一个动词，在"医药卫生改革中的经济问题"中是一个名词。解决这个问题就需要将已知的单词序列抽象出来，根据上下文语意关系，给每个单词标注上词性。

词性标注又称词类标注或者简称标注，是指为分词结果中的每个单词标注一个正确的词性的程序，即确定每个词是名词、动词、形容词或其他词性的过程。换句话说，词性标注就是在给定句子中判定每个词的语法范畴，确定其词性并加以标注的过程。使用 Jieba 中文分词工具进行词性标注，部分结果如图 5-4 所示。

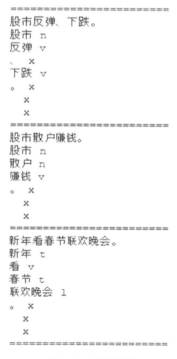

图 5-4　词性标注

分词的结果中，"n"是名词，"a"是形容词，"v"是动词，"d"是副词，"x"是非语素词等。例如，"股市"为名词，即标注为"n"；"赚钱""下跌"为动词，即标注为"v"；"。"这些标点符号标注为非语素词。

## 5.5　向量空间模型及特征提取

在数据挖掘和数据分析中，对语料集中的文本进行分词，去除停用词后，形成的特征词集合，称为初始特征集。在文本数据中，通常分词后的每个词称为特征词，而每个文档对应一个特征向量，通过向量空间模型来进行存储。

向量空间模型表示通过向量的形式来表征一个文本，将中文文本转化为数值特征。它由 G.Salton 等于 20 世纪 60 年代末提出，是目前最为成熟和应用最为广泛的文本表示模型之一。向量空间模型作为信息检索领域和自然语言处理领域的一种常用工具，被广泛应用于信息检索、文本分类、搜索引擎、特征提取等领域，并且取得了不错的效果。

特征提取是指将原始特征转换为一组具有明显物理意义或者统计意义的特征。在第 9 章会详细介绍向量空间模型及特征提取，包括向量空间模型、特征提取、余弦相似性三个部分，并通过基于向量空间模型的余弦相似度计算的案例进行讲解。

## 5.6　权　重　计　算

特征权重是用于衡量某个特征项在文档表示中的重要程度或区别能力的强弱。权重计算的一般方法是通过文本的统计信息，如词频，给特征项赋予一定的权重。常用的权重计算方法包括布尔权重、绝对词频（term frequency，TF）、倒文档词频（inverse document frequency，IDF）、TF-IDF、TFC、熵权重等。

TF-IDF 是一种常用于信息处理和数据挖掘的加权技术。该技术采用一种统计方法，根据字词的在文本中出现的次数和在整个语料中出现的文档频率来计算一个字词在整个语料中的重要程度。它的优点是能过滤掉一些常见的却无关紧要本的词语，同时保留影响整个文本的重要字词。

本书第 10 章会介绍类权重计算及 TF-IDF，主要包括权重计算、TF-IDF、Scikit-Learn 中的 TF-IDF 使用方法三部分，并通过案例详细介绍基于 Python 调用 Scikit-Learn 机器学习库中 CountVectorizer 和 TfidfTransformer 两个类进行 TF-IDF 计算的方法。

# 第 6 章　中文分词技术及 Jieba 工具

在得到语料之后，首先需要做的就是对语料进行分词操作。通常西方的语言在词与词之间用空格之类的标志符号进行连接，如英语，分词的时候直接按照空格进行；而中文词语是紧密连接在一起的，一个汉语句子由一串前后连续的汉字组成，词与词之间没有明显的分界标志，所以需要通过一定的分词技术把它分割成空格连接的词序列。

本章主要介绍中文常用的分词技术，同时介绍 Python 常用的分词工具，最后通过 Jieba 中文分词工具及实例讲解中文分词的过程。

## 6.1　中文分词技术介绍

中文分词是指将一个汉字序列切分成一个个单独的词。分词就是将连续的字序列按照一定的规范重新组合成词序列的过程。在英文的行文中，单词之间是以空格作为自然分界符的，而中文只是字、句和段能通过明显的分界符来简单划界，唯独词没有一个形式上的分界符，这导致了中文分词要比英文更为困难和复杂。当前中文分词已被广泛应用于文本挖掘、自然语言处理、文献检索等领域，有着至关重要的作用。

举个简单的例子，现在需要对"我是中国人"这个句子进行分词，其可以划分为三种形式。

```
输入：我是中国人
方法 1：我\是\中\国\人
方法 2：我是\是中\中国\国人
方法 3：我\是\中国\人
```

第一种是一元分词，第二种是二元分词，第三种比较复杂，是根据中文语义进行的分词，也是我们通常需要的分词结果。

随着中文信息处理的发展，中文分词技术也得到了很大的发展，根据其特点可以将现有的分词算法分为四大类：基于字符串匹配的分词方法、基于理解的分词方法、基于统计的分词方法和基于语义的分词方法。

## 1. 基于字符串匹配的分词方法

这种方法又叫做机械分词方法或基于字典的分词方法，它是按照一定的策略，将待分析的汉字串与一个"充分大的"机器词典中的词条进行匹配。若在词典中找到某个字符串，则匹配成功并识别出一个词，开始下一个匹配。

该方法有三个要素，即分词词典、文本扫描顺序和匹配原则。文本的扫描顺序主要包括三类：正向扫描、逆向扫描、双向扫描；匹配原则主要有最大匹配、最小匹配、逐词匹配和最佳匹配。常见的基于字符串匹配的分词方法包括：最大匹配法（maximum matching，MM）、逆向最大匹配法（reverse direction maximum matching，RMM）、逐词遍历法、最佳匹配法（optimum matching method，OM）、二次扫描法、并行分词法等。图 6-1 是中文分词的简单流程，调用分词器将原始文本切分成一个个字词。

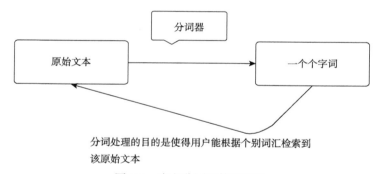

图 6-1　中文分词的简单流程

最大匹配法的基本思想是：假设自动分词词典中的最长词条所含汉字的个数为 $n$，则取被处理文本当前字符串序列中的前 $n$ 个字符作为匹配字段，查找分词词典，若词典中有这样一个 $n$ 字词，则匹配成功，匹配字段作为一个词被切分出来；若词典中找不到这样的一个 $n$ 字词，则匹配失败，匹配字段去掉最后一个汉字，剩下的字符作为新的匹配字段，再进行匹配，如此进行下去，直到匹配成功为止。这里的最大匹配法指正向最大匹配法。

假设现在存在一个句子"贵州财经大学的学生参加大数据比赛"，使用正向最大匹配方法进行中文分词的结果如下所示。

例句：贵州财经大学的学生参加大数据比赛
词典：贵州、贵州财经、财经、大学、贵州财经大学的学生、学生参加、加

大、大数据、比赛、的

最大长度：6

贵州财经大学⇒匹配词典后，得到一个词：贵州财经大学

的学生参加大⇒匹配词典后，得到一个词：的

学生参加大数⇒匹配词典后，得到一个词：学生

参加大数据比⇒匹配词典后，得到一个词：参加

大数据比赛⇒匹配词典后，得到一个词：大数据

比赛⇒匹配词典后，得到一个词：比赛

最后分词结果：贵州财经大学\的\学生\参加\大数据\比赛

算法的核心就是从前往后搜索，然后找到最长的字典分词。

## 2. 基于理解的分词方法

该方法又称为基于人工智能的分词方法，其基本思想就是在分词的同时进行句法、语义分析，利用句法信息和语义信息来处理歧义现象。它通常包括三个部分：分词子系统、句法语义子系统和总控部分。在总控部分的协调下，分词子系统可以获得有关词、句子等的句法和语义信息来对分词歧义进行判断，即它模拟了人对句子的理解过程。这种分词方法需要使用大量的语言知识和信息。目前基于理解的分词方法主要有专家系统分词法和神经网络分词法等。由于汉语语言知识的笼统、复杂性，难以将各种语言信息组织成机器可直接读取的形式，因此目前基于理解的分词系统还处在试验阶段。

## 3. 基于统计的分词方法

基于统计的分词方法主要包括基于期望最大值（expectation maximization，EM）算法的方法和变长分词方法。李家福和张亚非（2002）提出一种根据词的出现概率、基于极大似然原则构建的汉语自动分词的零阶马尔科夫模型，采用 EM 算法训练模型。王伟等（2001）提出了一种基于 EM 非监督训练的分词歧义解决方案和一种分词算法，对于每个句子至少带有一个歧义的测试集的正确切分精度达到 85.36%（以句子为单位）。高军和陈锡先（1997）改进了 N-Gram 方法，提出变长汉语语料自动分词方法，以信息理论中极限熵的概念为基础，运用汉字字串间最大似然度的概念进行自动分词。

## 4. 基于语义的分词方法

语义分词法引入了语义分析，对自然语言自身的语言信息进行更多的处理，如扩充转移网络法、知识分词语义分析法、邻接约束法、综合匹配法、后

缀分词法、特征词库法、矩阵约束法、语法分析法等。例如，矩阵约束法，其基本思想是：先建立一个语法约束矩阵和一个语义约束矩阵，其中元素分别表明具有某词性的词和具有另一词性的词相邻是否符合语法规则，属于某语义类的词和属于另一词义类的词相邻是否符合逻辑。机器在切分时以矩阵约束分词结果。

## 6.2　常用中文分词工具

学者许玉赢（2014）对常用的开源中文分词工具进行了统计，其中大部分都是基于Java语言的。本书梳理了常用的中文分词工具，统计的结果如表6-1所示。

**表 6-1　常用的中文分词工具**

| 名称 | 简介 |
| --- | --- |
| Stanford 汉语分词工具 | Stanford 汉语分词工具的成绩：2005 年 Bakeoff2 两个语料的测试第一 |
| 哈工大语言云（LTP-Cloud） | LTP-Cloud 是由哈工大社会计算与信息检索研究中心研发的云端自然语言处理服务平台。后端依托于语言技术平台，语言云为用户提供了包括分词、词性标注、依存句法分析、命名实体识别、语义角色标注在内的丰富高效的自然语言处理服务 |
| ICTCLAS：汉语词法分析系统 | 这是最早的中文开源分词项目之一，由中国科学院计算技术研究所开发，ICTCLAS 全部采用 C/C++编写，支持 Linux 及 Windows 系列操作系统。主要功能包括中文分词、词性标注、命名实体识别、新词识别；同时支持用户词典，支持繁体中文，支持 GBK、UNICODE 等多种编码格式 |
| 庖丁解牛分词 | Java 提供 lucence 3.0 接口，仅支持 Java 语言。主要功能：能够对词汇分类定义，能够对未知的词汇进行合理解析 |
| 盘古分词 | 作者是 Eaglet，它是一个中英文分词组件。主要功能包括中文分词功能、中文未登录词识别、词频优先、解决分词的歧义问题、多元分词等 |
| IKAnalyzer | 开源轻量级的中文分词工具包，语言是基于 java 语言开发的，采用了特有的正向迭代最细粒度切分算法 |
| Imdict-Chinese-Analyzer | 这是 Imdict 智能词典的智能中文分词模块。算法是基于隐马尔科夫模型（hidden Markov model，HMM），是中国科学院计算技术研究所的 Ictclas 中文分词程序的重新实现 |
| FudanNLP | FudanNLP 主要是为中文自然语言处理而开发的工具包，也包含为实现这些任务的机器学习算法和数据集。本工具包及其包含的数据集使用 LGPL3.0 许可证。开发语言为 Java。功能包括中文分词等，不需要字典支持 |
| SCWS | 它是 C 语言的实现，作者是 Hightman。算法是基于词频词典的机械中文分词引擎，采用的是采集的词频词典，并辅以一定的专有名称、人名、地名、数字年代等规则识别来达到基本分词的目的 |
| Libmmseg | 用 C++ 编写的开源的中文分词软件，Libmmseg 主要被作者用来实现 Sphinx 全文检索软件的中文分词功能。算法采用基于词库的最大匹配算法 |
| OpenCLAS | 它是一个开源的中文词法分析库，主要功能包括中文分词、词性标注等。系统使用基于概率的多层 HMM。可以对已登录词和未登录词进行识别分析 |

开源中国社区推荐了很多的中文分词软件及库，详细网址：http://www.oschina.net/project/tag/264/segment。

　　本书主要介绍的是基于 Python 的数据挖掘相关知识，而中文分词常见的工具都是基于 Java 语言的，但也有一些基于 Python 的中文分词工具，主要包括盘古分词、Yaha 分词、Jieba 分词等。它们的基本用法都相差不大，但是 Yaha 分词不能处理如"黄琉璃瓦顶"或"圜丘坛"等专有名词，所以本书主要介绍使用 Jieba 分词工具进行中文分词。

## 6.3　Jieba 中文分词工具

### 6.3.1　安装过程

　　Python 可以通过 easy_install 或者 pip 安装各种各样的包（package），easy_insall 的作用和 perl 中的 cpan，ruby 中的 gem 类似，都提供了在线一键安装模块的"傻瓜"方便方式，而 pip 是 easy_install 的改进版，提供更好的提示信息，删除了 package 等功能。老版本的 Python 中只有 easy_install，没有 pip，其中常见的具体用法如表 6-2 所示。

表 6-2　easy_install 和 pip 安装升级包用法

| easy_install 的用法 | 1.安装一个包<br>　easy_install <package_name><br>　easy_install "<package_name>==<version>"<br>2.升级一个包<br>　easy_install -U "<package_name>>=<version>" |
|---|---|
| pip 的用法 | 1.安装一个包<br>　pip install <package_name><br>　pip install <package_name>==<version><br>2.升级一个包（如果不提供 version 号，升级到最新版本）<br>　pip install --upgrade <package_name>>=<version><br>3.删除一个包<br>　pip uninstall <package_name> |

其中 pip 常用命令如表 6-3 所示。

表 6-3　pip 常用命令

| Usage:<br>pip <command> [options] | |
|---|---|
| Commands: | |
| install | 安装软件 |
| uninstall | 卸载软件 |

续表

| Usage: | |
|---|---|
| pip &lt;command&gt; [options] | |

| Commands: | |
|---|---|
| freeze | 按着一定格式输出已安装软件列表 |
| list | 列出已安装软件 |
| show | 显示软件详细信息 |
| search | 搜索软件，类似 yum 里的 search |
| wheel | 根据您的需求建立 wheel 文件 |
| zip | 不推荐，Zip individual packages |
| unzip | 不推荐，Unzip individual packages |
| bundle | 不推荐，Create pybundles |
| help | 当前帮助 |

| General Options: | |
|---|---|
| -h，--help | 显示帮助 |
| -v，--verbose | 更多的输出，最多可以使用 3 次 |
| -V，--version | 显示版本信息然后退出 |
| -q，--quiet | 最少的输出 |
| --log-file &lt;path&gt; | 覆盖的方式记录 verbose 错误日志，默认文件：/root/.pip/pip.log |
| --log &lt;path&gt; | 不覆盖记录 verbose 输出的日志 |
| --proxy &lt;proxy&gt; | 选择端口，形式如：[user:passwd@] proxy.server:port. |
| --timeout &lt;sec&gt; | 连接超时时间（默认 15 秒） |
| --exists-action &lt;action&gt; | 默认活动当一个路径总是存在：(s)witch，(i)gnore，(w)ipe，(b)ackup |
| --cert &lt;path&gt; | 证书 |

  Python 作者推荐使用"pip install jieba"或"asy_install jieba"全自动安装，再通过 import jieba 来引用。在第一次导入时需要构建 Trie 树，需要等待几秒钟。

  第一步：下载 pip 软件。

  可以在官网 http://pypi.python.org/pypi/pip#downloads 下载，同时 cd 切换到 pip 目录，再通过 python setup.py install 安装。也可以下载 pip-Win_1.7.exe 进行安装。

  第二步：安装 pip 软件。

  双击下载的 pip-Win_1.7.exe 软件，双击后如图 6-2 或图 6-3 所示。

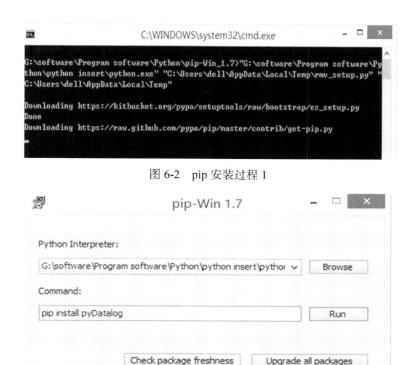

图 6-2　pip 安装过程 1

图 6-3　pip 安装过程 2

当提示"pip and virtualenv installed"时表示安装成功，那么如何测试 pip 是否安装成功呢？

第三步：配置环境。

此时在 cmd 中输入 pip 指令，系统会提示错误"不是内部或外部命令"，如图 6-4 所示。

图 6-4　测试 pip 命令

所以需要添加 path 环境变量。pip 软件安装完成后，会在 Python 安装目录下添加 Python\Scripts 目录，即在 Python 安装目录的 Scripts 目录下，如图 6-5 所示。

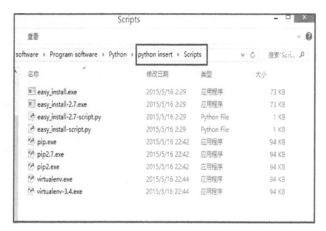

图 6-5　Python 安装 Scripts 目录

　　需要将此目录加入环境变量中，右键"我的电脑"，点击"属性"，选中"高级"，点击"环境变量"，再点击"编辑"，将 Python 安装的目录添加到环境变量中，如图 6-6 所示。

图 6-6　配置环境变量

　　注意：新版本的 Python 不需要再配置环境变量，直接安装即可使用。

第四步：使用 pip 命令。

下面在 CMD 中使用 pip 命令，"pip list outdate"列举 Python 安装库的版本信息，如图 6-7 所示。

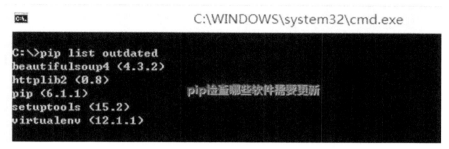

图 6-7　查看软件更新

第五步：通过"pip install jieba"命令进行安装，如图 6-8 所示。

图 6-8　安装 Jieba 分词

如果在 CMD 安装过程中出现错误"unknown encoding：cp65001"，则可输入"chcp 936"将编码方式由 UTF-8 变为简体中文 GBK。

## 6.3.2　中文分词

Jieba 中文分词涉及的算法包括以下几种。

（1）基于 Trie 树结构实现高效的词图扫描，句子中汉字所有构成词将生成对应的有向无环图（directed acyclic graph，DAG）。

（2）采用了动态规划查找最大概率路径，找出基于词频的最大切分组合。

（3）对于未登录词，采用了基于汉字成词能力的 HMM 模型，使用了 Viterbi 算法。

Jieba 中文分词支持的三种分词模式如下。

（1）精确模式：试图将句子最精确地切开，适合文本分析。

（2）全模式：把句子中所有的可以成词的词语都扫描出来，速度非常快，但是不能解决歧义问题。

（3）搜索引擎模式：在精确模式的基础上，对长词再次切分，提高召回率，适用于搜索引擎分词。

同时 Jieba 分词支持繁体分词和自定义字典方法。

```
#encoding=utf-8
import jieba

#全模式
text = "我来到北京清华大学"
seg_list = jieba.cut（text，cut_all=True）
print u"[全模式]："，"/ ".join（seg_list）

#精确模式
seg_list = jieba.cut（text，cut_all=False）
print u"[精确模式]："，"/ ".join（seg_list）

#默认是精确模式
seg_list = jieba.cut（text）
print u"[默认模式]："，"/ ".join（seg_list）

#新词识别　"杭研"并没有在词典中，但是也被 Viterbi 算法识别出来了
seg_list = jieba.cut（"他来到了网易杭研大厦"）
print u"[新词识别]："，"/ ".join（seg_list）

#搜索引擎模式
seg_list = jieba.cut_for_search（text）
print u"[搜索引擎模式]："，"/ ".join（seg_list）
```

输出结果如图 6-9 所示。

```
>>>
[全模式]: 我/ 来到/ 北京/ 清华/ 清华大学/ 华大/ 大学
[精确模式]:  我/ 来到/ 北京/ 清华大学
[默认模式]:  我/ 来到/ 北京/ 清华大学
[新词识别]: 他/ 来到/ 了/ 网易/ 杭研/ 大厦
[搜索引擎模式]: 我/ 来到/ 北京/ 清华/ 华大/ 大学/ 清华大学
>>>
```

图 6-9　输出结果

代码中函数简单介绍如下。

jieba.cut（）: 第一个参数为需要分词的字符串，第二个 cut_all 控制是否为全模式。

jieba.cut_for_search（）: 该函数仅一个参数，为分词的字符串，该方法适用于搜索引擎构造倒排索引情况下的分词工作，其分词结果的粒度比较细。

其中待分词的字符串支持 gbk\utf-8\unicode 格式。返回的结果是一个可迭代的 generator，可使用 for 循环来获取分词后的每个词语，也可以转换为 list 列表，更方便后续分析。

### 6.3.3　添加自定义词典

在中文分词过程中，存在很多专有名词或固定词组，如"国家 5A 级景区"中存在很多旅游相关的专有名词，举例如下。

> [输入文本] 故宫的著名景点包括乾清宫、太和殿和黄琉璃瓦等
> [精确模式] 故宫/的/著名景点/包括/乾/清宫/、/太和殿/和/黄/琉璃瓦/等
> [全　模　式] 故宫/的/著名/著名景点/景点/包括/乾/清宫/太和/太和殿/和/黄/琉璃/琉璃瓦/等

显然，专有名词"乾清宫""太和殿""黄琉璃瓦"（假设为一个文物）可能因分词而分开，这也是很多分词工具的又一个缺陷。但是 Jieba 分词支持开发者使用自定义的词典，以便包含 Jieba 词库里没有的词语。虽然 Jieba 有新词识别能力，但自行添加新词可以保证更高的正确率，尤其是专有名词。

基本用法如下。

> jieba.load_userdict（file_name）　#file_name 为自定义词典的路径

词典格式和 dict.txt 一样，一个词占一行；每一行分三部分，一部分为词语，另一部分为词频，最后为词性（可省略，ns 为地点名词），用空格隔开。

```
#encoding=utf-8
import jieba
#导入自定义词典
jieba.load_userdict（"dict.txt"）
#全模式
text = "故宫的著名景点包括乾清宫、太和殿和黄琉璃瓦等"
seg_list = jieba.cut（text，cut_all=True）
print u"[全模式]：", "/ ".join（seg_list）
#精确模式
seg_list = jieba.cut（text，cut_all=False）
print u"[精确模式]：", "/ ".join（seg_list）
#搜索引擎模式
seg_list = jieba.cut_for_search（text）
print u"[搜索引擎模式]：", "/ ".join（seg_list）
```

输出结果如图 6-10 所示，其中专有名词连在一起，即"乾清宫"和"黄琉璃瓦"。

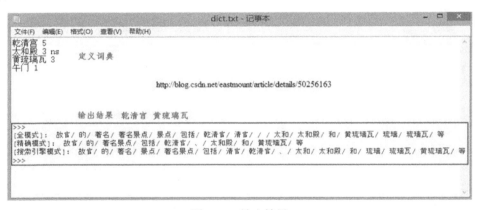

图 6-10　输出结果

## 6.3.4　关键词提取

关键词提取基本方法如下。

```
jieba.analyse.extract_tags（sentence，topK）
```

需要先输入 import jieba.analyse 语句，导入提取关键词库，接着使用上述方法，其中 sentence 为待提取的文本，topK 为返回几个 TF-IDF 权重最大的关键词，默认值为 20。

```
#encoding=utf-8
import jieba
import jieba.analyse

#导入自定义词典
jieba.load_userdict（"dict.txt"）

#精确模式
text = "故宫的著名景点包括乾清宫、太和殿和午门等。其中乾清宫非常精
美，午门是紫禁城的正门，午门居中向阳。"
seg_list = jieba.cut（text，cut_all=False）
print u"分词结果："
print "/".join（seg_list）

#获取关键词
tags = jieba.analyse.extract_tags（text，topK=3）
print u"关键词："
print " ".join（tags）
```

输出结果如下，其中"午门"出现 3 次、"乾清宫"出现 2 次、"著名景点"出现 1 次，按照顺序输出提取的关键词。如果 topK=5，则输出"午门 乾清宫 著名景点 太和殿 向阳"。

```
>>>
分词结果：
故宫/的/著名景点/包括/乾清宫/、/太和殿/和/午门/等/。/其中/乾清宫/非常/
精美/，/午门/是/紫禁城/的/正门/，/午门/居中/向阳/。
关键词：
午门 乾清宫 著名景点
>>>
```

## 6.3.5　去除停用词

在信息检索中，为节省存储空间和提高搜索效率，系统在处理自然语言数据

（或文本）之前或之后会自动过滤掉某些字或词，这些字或词即被称为停用词。这些停用词都是人工输入、非自动化生成的，生成后的停用词会形成一个停用词表。但是，并没有一个明确的停用词表能够适用于所有的工具。甚至有一些工具是明确地避免使用停用词来支持短语搜索的。同样在使用 Jieba 工具分词时，可以对常用的停用词进行去除。其代码如下。

```
#encoding=utf-8
import jieba

#去除停用词
stopwords = {}.fromkeys（['的', '包括', '等', '是']）
text = "故宫的著名景点包括乾清宫、太和殿和午门等。其中乾清宫非常精美，午门是紫禁城的正门。"
segs = jieba.cut（text，cut_all=False）
final = ''
for seg in segs：
    seg = seg.encode（'utf-8'）
    if seg not in stopwords：
            final += seg
print final
#输出：故宫著名景点乾清宫、太和殿和午门。其中乾清宫非常精美，午门紫禁城正门。

seg_list = jieba.cut（final，cut_all=False）
print "/ ".join（seg_list）
#输出：故宫/ 著名景点/ 乾清宫/ 、/ 太和殿/ 和/ 午门/ 。/ 其中/ 乾清宫/ 非常/ 精美/，/ 午门/ 紫禁城/ 正门/ 。
```

其方法是通过"stopwords = {}.fromkeys（['的', '包括', '等', '是']）"定义停用词，然后调用 Jieba 分词后，对分词后的每个词序列依次进行判断，如果存在停用词，则删除，最后输出的序列则为分词且不包括停用词的序列。输出结果如下所示。

```
故宫/ 著名景点/ 乾清宫/ 、/ 太和殿/ 和/ 午门/ 。/ 其中/ 乾清宫/ 非常/ 精美/，/ 午门/ 紫禁城/ 正门/ 。
```

## 6.4 案例分析：使用 Jieba 对百度百科摘要信息进行中文分词

本节使用《基于 Python 的 Web 大数据爬取实战指南》一书中 7.3 小节爬取的百度百科摘要信息，爬取的语料如图 6-11 所示。

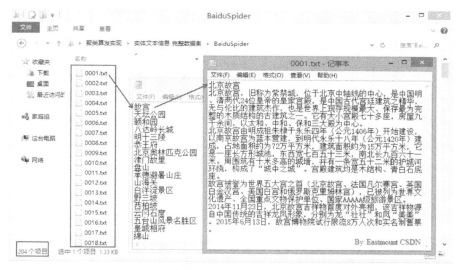

图 6-11 爬取的语料

通过 BaiduSpider 文件读取 0001.txt~0204.txt 文件，分别进行分词处理再保存。

```
#encoding=utf-8
import sys
import re
import codecs
import os
import shutil
import jieba
import jieba.analyse

#导入自定义词典
jieba.load_userdict（"dict_baidu.txt"）
```

```python
#Read file and cut
def read_file_cut（）：
    #create path
    path = "BaiduSpider\\"
    respath = "BaiduSpider_Result\\"
    if os.path.isdir（respath）：
        shutil.rmtree（respath，True）
    os.makedirs（respath）


    num = 1
    while num<=204：
        name = "%04d" % num
        fileName = path + str（name）+ ".txt"
        resName = respath + str（name）+ ".txt"
        source = open（fileName，'r'）
        if os.path.exists（resName）：
            os.remove（resName）
        result = codecs.open（resName，'w'，'utf-8'）
        line = source.readline（）
        line = line.rstrip（'\n'）

        while line！="":
            line = unicode（line，"utf-8"）
            seglist = jieba.cut（line，cut_all=False）  #精确模式
            output = ' '.join（list（seglist））          #空格拼接
            print output
            result.write（output + '\r\n'）
            line = source.readline（）
        else：
            print 'End file：' + str（num）
            source.close（）
            result.close（）
        num = num + 1
    else：
        print 'End All'
```

```
#Run function
if __name__ == '__main__':
    read_file_cut（）
```

其中"故宫"分词后的结果如图 6-12 所示。

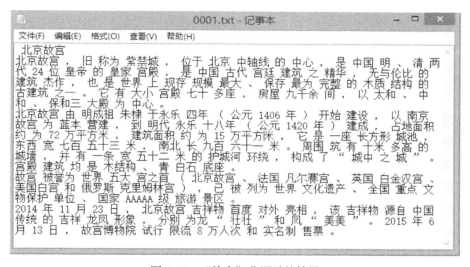

图 6-12　　"故宫"分词后的结果

# 第7章 数据清洗及停用词过滤

随着信息技术的不断发展，网络信息呈爆炸式增长，脏数据在各行各业中也不断增加。前面介绍了数据爬取和 Jieba 中文分词技术，在分词后的语料中，同样存在脏数据和停用词等现象。为了得到更好的数据分析结果，需要对这些数据集进行数据清洗和停用词过滤等操作。本章主要介绍数据清洗的概念、数据清洗常见方法及停用词过滤，最后通过 Jieba 分词工具进行停用词过滤和标点符号去除。

## 7.1 数据清洗的概念

### 7.1.1 数据清洗

在数据挖掘中，海量的原始数据中存在着大量不完整、不一致、有异常的数据，严重影响到数据挖掘建模的执行效率，甚至可能导致挖掘结果的偏差，所以进行数据清洗就显得尤为重要，数据清洗完成后接着进行或者同时进行数据集成、变换、规约等一系列的处理，该过程就是数据预处理。数据预处理一方面是要提高数据的质量，另一方面是要让数据更好地适应特定的挖掘技术或工具。

数据清洗技术主要应用于数据仓库、数据挖掘和全面数据质量管理三个方面，针对这些不同的方面，对数据清洗的认识也不尽相同。目前为止，数据清洗还没有一个公认的定义，但主要内容大体相同。一般来说，只要是有助于解决数据质量问题的处理过程就被认为是数据清洗。不同领域的数据清洗定义有所不同。Web 大数据业界通常将数据清洗的定义大致分为三类。

（1）在数据仓库领域中，数据清洗被定义为清除错误和不一致数据的处理过程，同时需要解决元组重复问题和数据孤立点问题等。数据清洗并不是简单地对脏数据进行检测和修正，还涉及一部分数据的整合与分解。

（2）在数据挖掘领域中，首先需要进行数据预处理，保证数据质量，这个过程就是数据清洗的过程。各种不同的数据挖掘系统都是针对特定的应用领域进行数据清洗的。

（3）在全面数据质量管理领域中，数据清洗是一个学术界和商业界都感兴趣的问题。全面数据质量管理可以有效解决整个信息业务过程中的数据质量问题以及数据集成问题。在该领域中，一般将数据清洗过程定义为一个评价数据正确性并改善其质量的过程。图 7-1 是数据清洗的图例，它是非常重要的预处理技术。

图 7-1　数据清洗

数据清洗的目的是保证数据质量，提供准确数据。数据清洗的任务是过滤或者修改那些不符合要求的数据，主要包括三类数据。

（1）残缺数据。

这一类数据主要是一些应该有的信息缺失，如供应商的名称、分公司的名称、客户的区域信息缺失，业务系统中主表与明细表不能匹配等。将这一类数据过滤出来，按缺失的内容分别写入不同 Excel 文件向客户提交，要求在规定的时间内补全，补全后才写入数据仓库。

（2）错误数据。

这一类错误产生的原因是业务系统不够健全，在接收输入后没有进行判断就直接写入后台数据库，如数值数据输成全角数字字符、字符串数据后面有一个回车操作、日期格式不正确、日期越界等。这一类数据也要分类，对于类似于全角字符、数据前后有不可见字符的问题，只能通过写 SQL 语句的方式找出来，然后要求客户在业务系统修正之后抽取。日期格式不正确的或者是日期越界的这一类错误会导致 ETL 运行失败，这一类错误需要去业务系统数据库用 SQL 的方式挑出来，交给业务主管部门要求限期修正，修正之后再抽取。

（3）重复数据。

对于这一类数据（特别是维表中会出现这种情况），应将重复数据记录的所有字段导出来，让客户确认并整理。数据清洗是一个反复的过程，不可能在几天内完成，因此只有不断地发现问题，解决问题。对于是否过滤、是否修正一般要求客户确认，对于过滤掉的数据，写入 Excel 文件或者将过滤数据写入数据表，在开发初期可以每天向业务单位发送过滤数据的邮件，促使他们尽快地修正错误，同时也可以将其作为将来验证数据的依据。数据清洗需要注意的是不要将有用的数据过滤掉，对每个过滤规则认真进行验证，并要客户确认。

由于数据清洗主要针对的对象是脏数据，而脏数据会直接影响数据的质量，因此，数据清洗和数据质量之间存在着密不可分的关系。数据质量问题主要表现为：不正确的属性值、重复记录、拼写错误、不合法数据、空值、不一致值、不遵循完整性规则等。

为了提高数据质量，学者根据对影响数据质量的因素以及如何提高数据质量的方法进行了研究，提出了数据一致性、正确性、完整性和最小性四个指标。如图 7-2 所示，数据质量问题通常可以划分为单数据源问题和多数据源问题，同时包括各类详细的错误模式与实例。

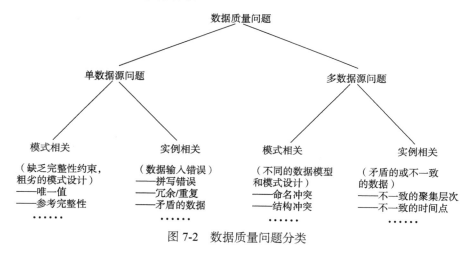

图 7-2　数据质量问题分类

## 7.1.2　中文数据清洗

国外对数据清洗的研究最早出现在美国，可追溯到 1959 年，是从对全美的社会保险号错误的纠正开始。自那时起，多数据源的数据整合问题一直是重要而困难的问题,并曾在商务、医疗等方面被作为重要的研究对象。近些年,美国信息业和商业的发展极大地刺激了数据清洗技术的研究,并已取得很多成果。但是,这些研究成果针对的对象主要是英文信息。

由于语种的差异性,现有的成果并不完全适用于基于中文的数据清洗工作,而国外关于中文数据清洗的研究较少。目前,国外关于中文数据清洗的研究比较成熟的是 IBM 公司提出的基于 InfoSphere QualityStage 的中文数据清洗。此方案主要包括 Investigation、Standardization、Matching、Survivorship 四个流程。通过 IBM 自主开发的 InfoSphere QualityStage 清洗工具,结合每个阶段对中文脏数据的流程处理,并在每个阶段推出一个到两个核心 stage,由用户选择配置完成清洗任务 job 的构建。此工具目前主要应用于数据仓库领域的中文数据清洗工作。

在全面质量管理领域、数据挖掘领域、Web 数据领域以及云计算研究等方面,国外对数据清洗也进行了深入研究,但是基于中文的数据清洗研究较少。

在检测并消除近似重复记录方面,以复旦大学的郭志懋和周傲英(2002)教授为首的研究团队较早地认识到数据清洗的研究价值并深入研究,并提出了一种基于 N-Gram 的相似重复记录检测方法和一种检测多语言数据重复记录的综合方法;在数据仓库中的数据清洗和整合方面,以北京大学的方幼林等(2003)教授为首的团队解决了数据转换过程中的数据清洗问题,并对数据清洗工具的开发也有一定的研究;在 Web 的数据清洗方面,以东南大学的韩京宇等(2005)教授为首的研究小组提出了一种在线的数据清洗方法;在通用和可扩展的数据清洗框架研究方面,周傲英教授的团队提出了一种可扩展数据清洗框架;而在特殊领域的数据清洗方面,西安理工大学以叶鸥等(2012)教授为首的研究小组解决了农村饮水工程中的地名等特殊领域数据的重复问题,并提出了一种中文拼音与汉字相结合的匹配方式进行中文字段重复检测。

但是,由于中文数据清洗在理论研究上的欠缺,市场上很少能看到中文数据清洗工具,也很少能将中文数据清洗工具应用于工程项目,这造成了目前工程方面的数据清洗功能单一、可扩展性和通用性较差的情况。总体来说,国内对中文数据清洗的研究还处于初级阶段。

## 7.2　数据清洗常见方法

数据清洗的原理就是通过分析脏数据的产生原因及存在形式,对数据流的过程进行考察、分析,并总结出一些方法,将脏数据转化成满足数据质量要求的数据。数据清洗一般采用统计技术、数据挖掘及预定义的清洗规则等方法，需要分析坏数据产生原因，评估坏数据影响，考察数据分布情况，提取数据规则，在数据集合上实施一些清洗算法、技术，达到提高数据质量的目的。数据清洗方法需要解决两个核心问题。

### 1. 异常记录检测

异常记录检测算法包括统计学算法和数据挖掘算法，如数据挖掘算法中的关联规则、聚类算法等。在统计学中，需要根据具体数值的拟合建立数据模型并进行评估。回归分析是应用很广的数据分析方法，它提供了一套描述、分析变量间关系的方法，揭示内在规律，可以进行有效的数据预测。回归方法较为简单，常常作为数据分析的首选模型。关联规则是数据挖掘中的另一类算法，主要思想是依据样本间的度量标准将数据划分为几个组，组内的成员具有较大的相似性，组织间的数据具有较大的差异性。

### 2. 重复记录检测

重复记录检测的基本算法是排序-合并算法，通过对数据排序并比较相邻的记录，从而找出重复记录。如何优化排序过程是清洗算法的研究方向。它们主要针对实例层次的数据进行清洗，目前也存在一些针对模式层脏数据的清洗方法。同时，陈孟婕（2013）根据缺陷数据类型分类，将数据清洗方法分为四类：①解决空值数据的方法；②解决错误值数据的方法；③解决重复数据的方法；④解决不一致数据的方法。

本节主要是针对 Python 爬取的中文文本数据进行数据分析，所以主要讲述的数据清洗是针对数据的预处理，主要包括停用词过滤和特征标点符号的去除，而对于空值数据、重复数据，则应在数据爬取过程中进行简单的判断或补充相应的值。

## 7.3　停用词过滤

### 7.3.1　标点符号过滤

假设已经从微博或其他网站中爬取了 10 条新闻数据，并将其存储在本地的 test.txt 文本中，该 txt 文本采用的是 UTF-8 的编码方式，如图 7-3 所示。

然后需要对 test.txt 文本语料进行预处理，采用 Jieba 工具进行中文分词。安装 Jieba 工具通过"pip install jieba"命令实现，详见 6.3 章节。

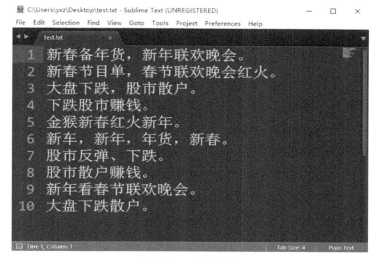

图 7-3　中文语料

再通过 Python 代码进行分词，代码如下。

```
#encoding=utf-8
import sys
import re
import codecs
import os
import jieba
import jieba.analyse
#分词
def read_file_cut（）：
    source = open（"test.txt", 'r'）
    result = codecs.open（"result.txt", 'w', 'utf-8'）
    #读取文件内容
    line = source.readline（）
    line = line.rstrip（'\n'）
    while line！ ="":
        line = unicode（line, "utf-8"）
        #分词处理
        seglist = jieba.cut（line, cut_all=False） #精确模式
```

```
                output = ' '.join（list（seglist））          #空格拼接
                print output
                #写入文件
                result.write（output + '\r\n'）
                print line
                line = source.readline（）
        else：
                print 'End'
                source.close（）
                result.close（）
    #主函数
    if __name__ == '__main__':
            read_file_cut（）
```

分词后的输出结果存储在 reslut.txt 文件中，如图 7-4 所示。

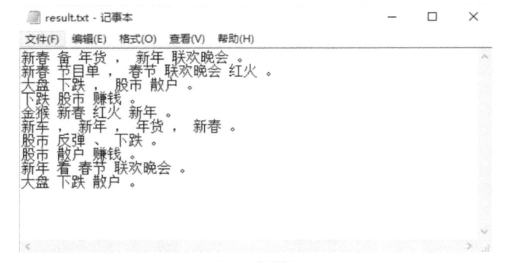

图 7-4   分词结果

但是该分词的结果中是存在标点符号的，而这些标点符号在计算词频或权重的时候，也会被当成一个特征词，这严重影响实验的效果。所以需要对这些对数据分析结果没有任何权重贡献的标点符号进行过滤。

如果使用 Jieba 分词工具，可以定义一张标点符号的词典，如果其中包含了该标点符号，则进行过滤。详细代码如下所示。

```
#encoding=utf-8
import sys
import re
import codecs
import os
import jieba
import jieba.analyse

#定义停用词表
#stopwords = {}.fromkeys ( [ line.rstrip ( ) for line in open
('stopword.txt')])
#过滤常见的标点符号
stopwords = {}.fromkeys ([', ', '。', '! ', '? ', '、'])

#分词
def read_file_cut ( ) :
    source = open ("test.txt", 'r')
    result = codecs.open ("result.txt", 'w', 'utf-8')
    #读取文件内容
    line = source.readline ( )
    line = line.rstrip ('\n')
    while line! ="":
        line = unicode (line, "utf-8")
        #分词处理
        seglist = jieba.cut (line, cut_all=False)  #精确模式
        #标点符号判断
        final = ''
        for seg in seglist:
            seg = seg.encode ('utf-8')
            if seg not in stopwords:
                final += seg
        print final
        #空格拼接
        seg_list = jieba.cut (final, cut_all=False)
        output = " ".join (seg_list)
```

```
            print output
            #写入文件
            result.write（output + '\r\n'）
            line = source.readline（）
        else：
            print 'End'
            source.close（）
            result.close（）
#主函数
if __name__ == '__main__'：
        read_file_cut（）
```

通过标点符号进行判断，分词后的结果 result.txt 如下所示，并不包含标点符号。

```
新春 备 年货 新年 联欢晚会
新春 节目单 春节 联欢晚会 红火
大盘 下跌 股市 散户
下跌 股市 赚钱
金猴 新春 红火 新年
新车 新年 年货 新春
股市 反弹 下跌
股市 散户 赚钱
新年 看 春节 联欢晚会
大盘 下跌 散户
```

## 7.3.2　停用词过滤

在现实的数据集合中，往往有很大一部分是低质量数据，如噪声数据、丢失数据和不一致数据。这些低质量数据的存在不仅占用存储空间，而且将会影响挖掘结果。在文本分类中，类似这样的词语被称为停用词。在一般实验应用中，存在一个存放停用词的集合，叫做停用词表，其中的停用词往往由人工根据经验知识加入，具有通用性。

当分词结束之后，新的文本所构成的词串可能会存在一些与文档主旨无关的词语，如"可以""大家""厉害"等词，此时需要通过自然语言方法过滤掉这些词语。通常采用的方法是定义停用词表进行遍历删除，从而形成最终的与主旨相关的词串。这里建议使用哈工大的停用词表，其中部分内容如图 7-5 所示。

| ? | 别说 | 但是 | 各自 | 即便 | 靠 | 哪个 | 其他 | 省得 | 往 |
|---|---|---|---|---|---|---|---|---|---|
| 、 | 并 | 当 | 给 | 即或 | 咳 | 哪里 | 其它 | 时候 | 望 |
| 。 | 并且 | 当着 | ·根据 | 即令 | 可 | 哪年 | 其一 | 什么样 | 为 |
| " | 不比 | 到 | 跟 | 即若 | 可见 | 哪怕 | 其余 | 什么样 | 为何 |
| " | 不成 | 得 | 故 | 即使 | 可是 | 哪天 | 其中 | 使得 | 为了 |
| 《 | 不单 | 的 | 故此 | 几 | 可以 | 哪些 | 起 | 是 | 为什么 |
| 》 | 不但 | 的话 | 固然 | 几时 | 况且 | 哪样 | 起见 | 是的 | 为着 |
| ！ | 不独 | 等 | 关于 | 己 | 啦 | 那 | 岂但 | 首先 | 喂 |
| · | 不管 | 等等 | 管 | 既 | 来 | 那边 | 恰恰相反 | 谁 | 嗡嗡 |
| ： | 不光 | 地 | 归 | 既然 | 来着 | 那儿 | 反 | 谁知 | 我 |
| ； | 不过 | 第 | 果然 | 既是 | 离 | 那个 | 前后 | 顺 | 我们 |
| ？ | 不仅 | 叮咚 | 果真 | 继而 | 例如 | 那会儿 | 前者 | 顺着 | 呜 |
| 人民 | 不拘 | 对 | 过 | 加之 | 哩 | 那里 | 且 | 似的 | 呜呼 |
| 末 | 不论 | 对于 | 哈 | 假如 | 连 | 那么 | 然而 | 虽 | 乌乎 |
| 啊 | 不怕 | 多 | 哈哈 | 假若 | 连同 | 那么些 | 然后 | 虽然 | 无论 |
| 阿 | 不然 | 多少 | 呵 | 假使 | 两者 | 那么样 | 然则 | 虽说 | 无宁 |
| 哎 | 不如 | 而 | 和 | 鉴于 | 了 | 那时 | 让 | 虽则 | 毋宁 |
| 哎呀 | 不特 | 而况 | 何 | 将 | 临 | 那些 | 人家 | 随 | 嘻 |

图 7-5　停用词表

在该表中，常见的中文字，如"并""当""地""啊"等，这些字都没有具体含义，所以在分词后需要进行过滤；还存在一些词组，如"各自""但是""别说""而且"等，这些词组也需要过滤。通常意义上，停用词大致为如下两类。

（1）一类是应用十分广泛的词，在 Internet 上随处可见，如"Web"一词几乎在每个网站上均会出现，对这样的词，搜索引擎无法保证能够给出真正相关的搜索结果，不仅难以帮助缩小搜索范围，还会降低搜索的效率。

（2）另一类就更多了，包括了语气助词、副词、介词、连接词等，通常自身并无明确的意义，只有将其放入一个完整的句子中才有一定作用，如常见的"的""在"之类的词。

除此之外，一些标点符号以及数字，如省略号、下划线、破折号等，也需要进行处理。这些词语和符号往往存储在停用词表的文档中，可以参照停用词表对文档进行停用词处理。国内外学者通过研究，也提出了根据训练集自动生成停用词集合的方法。

此外，由于当前互联网飞速发展，大量文本文档来自网页，因此，文档中不可避免地会包含一些非文本信息，如网页链接，或者HTML标记等，这些内容对文本分类来说是没有意义的，因此需要优先去除。

停用词的处理，不仅可以达到粗降维的目的，提高计算速度，而且对文本分类的准确性也有很大的帮助。本小节停用词过滤方法也是基于 Jieba 中文分词工具的方法，类似于过滤标点符号，定义一个词典，即 stop.txt 文件，里面包括了哈工大的所有常用停用词，在分词后对其进行判断，如果该词属于停用词，则过滤，不属于则加入。通过这样的操作，就可以得到不包含停用词的语料。代码如下所示。

```
#encoding=utf-8
import jieba

#去除停用词
stopwords = {}.fromkeys（['的', '包括', '等', '是', '，', '。', '！', '？', '、']）
text = "故宫的著名景点包括乾清宫、太和殿和午门等。其中乾清宫非常精美，午门是紫禁城的正门。"
segs = jieba.cut（text，cut_all=False）
final = ''
for seg in segs：
    seg = seg.encode（'utf-8'）
    if seg not in stopwords：
        final += seg
print final
#输出：故宫著名景点乾清宫太和殿和午门其中乾清宫非常精美午门紫禁城正门

seg_list = jieba.cut（final，cut_all=False）
print "/ ".join（seg_list）
#输出：故宫/ 著名景点/ 乾/ 清宫/ 太和殿/ 和/ 午门/ 其中/ 乾/ 清宫/ 非常/ 精美/ 午门/ 紫禁城/ 正门
```

输出结果如图 7-6 所示，输出结果中不包含停用词"的""包括""等""是"，同时也过滤了标点符号。

```
>>> ============================== RESTART ==============================
>>>
Building prefix dict from the default dictionary ...
Loading model from cache c:\users\yxz\appdata\local\temp\jieba.cache
Loading model cost 0.312 seconds.
Prefix dict has been built succesfully.
故宫著名景点乾清宫太和殿和午门其中乾清宫非常精美午门紫禁城正门
故宫/ 著名景点/ 乾/ 清宫/ 太和殿/ 和/ 午门/ 其中/ 乾/ 清宫/ 非常/ 精美/ 午门/ 紫禁城/ 正门
>>>
```

图 7-6　停用词过滤

　　该方法只是中文分词后停用词过滤的最简单的一种方法，当然还有更多更好的方法，不仅能够保证不错误删除某些具有特殊含义的特征词，并且能分辨真假停用词，进行词语识别。

　　停用词处理的关键在于真假停用词表的构造以及停用词的识别。它同一般的向量分词处理一样，主要有三个过程：待切分串的截取技术、停用词表的获取与组织技术以及停用词的匹配技术。待切分串的截取技术比较简单，一个简单的字符串查找函数就满足需求。停用词表的获取与组织技术需要经验语言学与统计语言学知识的支撑，针对不同的应用系统还要有不同的处理，根据处理结果对停用词表进行更新也是必须的。停用词的匹配技术中主要涉及去掉假停用词。整个停用词的处理过程相对来讲并不困难。

# 第8章　词性标注

词性是词汇基本的语法属性。词性标注又称为词类标注或者简称标注，是指为分词结果中的每个单词标注一个正确的词性的过程，即确定每个词是名词、动词、形容词或者其他词性。在汉语中，大多数词语只有一个词性，或者出现频次最高的词性远远高于第二位的词性。词性标注方法主要分为基于规则和基于统计的方法，如基于最大熵的词性标注、基于统计最大概率输出词性、基于 HMM 的词性标注等。本章主要讲解词性标注的基本概念和词性对照表，通过 Python 调用第三方库实现词性标注，最后将分享一个词性标注的案例。

## 8.1　词性标注概述

词性是指词的基本语法属性，英文对应的全称为 part of speech，它是根据词的特点划分词类，也用来描述词语在上下文中的作用。词类作为最普遍的语法聚合，可划分为各种类型，如名词、代词、动词、形容词、副词等。名词用来描述一个概念，如"学生"；代词用于上下文引用，如"我们"。

词性标注是指为分词之后的每个单词标注一个正确的词性过程，英文对应 part of speech tagging。由于存在一词多义、一义多词等现象，所以词性标注较为困难。本章主要讲述了多种词性标注方法，给每个词确定名次、动词、形容词等词性。图 8-1 是词性标注包含的常见词性。

在汉语中，词性标注比较简单，因为汉语词汇词性多变的情况比较少见，大多词语只有一个词性，或者出现频次最高的词性远远高于第二位的词性。据说，只需选取最高频词性，即可实现 80%准确率的中文词性标注程序。

为了方便指明词的词性，可以给每个词性编码。例如，《PFR 人民日报标注语料库》中把"形容词"编码成 a；名词编码成 n；动词编码成 v 等。表 8-1 是《PFR 人民日报标注语料库》的词性编码表。

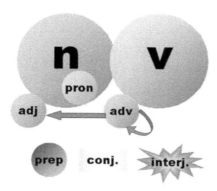

图 8-1　词性标注

表 8-1　《PFR 人民日报标注语料库》的词性编码表

| 代码 | 名称 | 举例 |
|---|---|---|
| a | 形容词 | 最/d 大/a 的/u |
| ad | 副形词 | 一定/d 能够/v 顺利/ad 实现/v |
| ag | 形语素 | 喜/v 煞/ag 人/n |
| an | 名形词 | 人民/n 的/u 根本/a 利益/n 和/c<br>国家/n 的/u 安稳/an |
| b | 区别词 | 副/b 书记/n 王/nr 思齐/nr |
| c | 连词 | 全军/n 和/c 武警/n 先进/a 典型/n 代表/n |
| d | 副词 | 两侧/f 台柱/n 上/f 分别/d 雄踞/v 着/u |
| dg | 副语素 | 用/v 不/d 甚/dg 流利/a 的/u 中文/nz 主持/v 节目/n 。/w |
| e | 叹词 | 嗬/e！/w |
| f | 方位词 | 从/p 一/m 大/a 堆/q 档案/n 中/f 发现/v 了/u |
| g | 语素 | 例如 dg 或 ag |
| h | 前接成分 | 目前/t 各种/r 非/h 合作制/n 的/u 农产品/n |
| i | 成语 | 提高/v 农民/n 讨价还价/i 的/u 能力/n 。/w |
| j | 简称略语 | 民主/ad 选举/v 村委会/j 的/u 工作/vn |
| k | 后接成分 | 权责/n 明确/a 的/u 逐级/d 授权/v 制/k |
| l | 习用语 | 是/v 建立/v 社会主义/n 市场经济/n<br>体制/n 的/u 重要/a 组成部分/l 。/w |
| m | 数词 | 科学技术/n 是/v 第一/m 生产力/n |
| n | 名词 | 希望/v 双方/n 在/p 市政/n 规划/vn |
| ng | 名语素 | 就此/d 分析/v 时/Ng 认为/v |
| nr | 人名 | 建设部/nt 部长/n 侯/nr 捷/nr |
| ns | 地名 | 北京/ns 经济/n 运行/vn 态势/n 喜人/a |
| nt | 机构团体 | [冶金/n 工业部/n 洛阳/ns 耐火材料/l 研究院/n]nt |
| nx | 字母专名 | ＡＴＭ/nx 交换机/n |

续表

| 代码 | 名称 | 举例 |
|---|---|---|
| nz | 其他专名 | 德士古/nz 公司/n |
| o | 拟声词 | 汩汩/o 地/u 流/v 出来/v |
| p | 介词 | 往/p 基层/n 跑/v 。/w |
| q | 量词 | 不止/v 一/m 次/q 地/u 听到/v ，/w |
| r | 代词 | 有些/r 部门/n |
| s | 处所词 | 移居/v 海外/s 。/w |
| t | 时间词 | 当前/t 经济/n 社会/n 情况/n |
| tg | 时语素 | 秋/tg 冬/tg 连/d 旱/a |
| u | 助词 | 工作/vn 的/u 政策/n |
| ud | 结构助词 | 有/v 心/n 栽/v 得/ud 梧桐树/n |
| ug | 时态助词 | 你/r 想/v 过/ug 没有/v |
| uj | 结构助词 | 迈向/v 充满/v 希望/n 的/uj 新/a 世纪/n |
| ul | 时态助词 | 完成/v 了/ul |
| uv | 结构助词 | 满怀信心/l 地/uv 开创/v 新/a 的/u 业绩/n |
| uz | 时态助词 | 眼看/v 着/uz |
| v | 动词 | 举行/v 老/a 干部/n 迎春/vn 团拜会/n |
| vd | 副动词 | 强调/vd 指出/v |
| vg | 动语素 | 做好/v 尊/vg 干/j 爱/v 兵/n 工作/vn |
| vn | 名动词 | 股份制/n 这种/r 企业/n 组织/vn 形式/n ，/w |
| w | 标点符号 | 生产/v 的/u 5G/nx 、/w 8G/nx 型/k 燃气/n 热水器/n |
| x | 非语素字 | 生产/v 的/u 5G/nx 、/w 8G/nx 型/k 燃气/n 热水器/n |
| y | 语气词 | 已经/d 30/m 多/m 年/q 了/y 。/w |
| z | 状态词 | 势头/n 依然/z 强劲/a ；/w |

词性标注有小标注集和大标注集。小标注集把代词都归为一类，大标注集可以把代词进一步分成如下三类。

人称代词：你 我 他 它 你们 我们 他们

疑问代词：哪里　什么　怎么

指示代词：这里 那里 这些　那些

采用小标注集比较容易实现，但是太小的标注集可能会导致类型区分度不够。例如，在黑白两色世界中，可以通过颜色的深浅来分辨出物体，但是通过七彩颜色可以分辨出更多的物体。下面举个例子对 2014 年《人民日报》部分语料进行切分。

人民网/nz 1 月 1 日/t 讯/ng 据/p 《/w [纽约/nsf 时报/n]/nz 》/w 报道/v，/w 美国/nsf 华尔街/nsf 股市/n 在/p 2013 年/t 的/ude1 最后/f 一天/mq 继续/v 上涨/vn，

/w 和/cc [全球/n 股市/n]/nz 一样/uyy，/w 都/d 以/p [最高/a 纪录/n]/nz 或/c 接近
/v [最高/a 纪录/n]/nz 结束/v 本/rz 年/qt 的/ude1 交易/vn 。/w

词性标注的常用方法包括：①基于统计模型的词性标注方法；②基于规则的
词性标注方法；③统计方法与规则方法相结合的词性标注方法。

词性标注评价标注包括：①准确率（Precision）；②召回率（Recall）；
③F 值（F-score）。

## 8.2 BosonNLP 词性标注

中文自然语言对不同的词不会采用显示分隔符（如空格）进行分割，在大多
数自然语言问题当中，分词都作为最基础的步骤。词性用来描述一个词在上下文
中的作用，而词性标注就是识别这些词的词性，以确定其在上下文中的作用。一
般情况下，词性标注是建立在分词基础上的另一个自然语言处理的基础步骤。为
了适应自然语言处理的需要，BosonNLP 采用将分词和词性标注联合枚举的方
法，实现了这一套分词和词性标注系统，并通过开放 API 接口的形式提供给其他
开发者使用。

BosonNLP 的分词和词性标注都是基于序列标注实现的，以词为单位对句子
进行词边界和词性的标注既发挥了基于字符串匹配方法切分速度快、效率高等特
点，又可以结合上下文识别生词、自动消除歧义，同时避免了由于分词错误造成
词性标注错误的级联放大。

BosonNLP 分词和词性标注系统完全是自主实现的，在原有算法和语料的基
础上，又加入了一些优化。

（1）加入了对 url、email 等特殊词的识别。

（2）对词性标签进行调整和优化，实现了更细的标签划分（22 个大类，69
个标签）。

（3）对训练语料进行修正。

（4）加入繁简转化，可以处理繁体中文或者繁简混合的中文句子。

（5）BosonNLP 分词和词性标注系统还提供了多种分词选项，以满足不同开
发者的需求。

（6）空格保留选项。

（7）新词枚举强度选项。

（8）繁简转换选项。

（9）特殊字符转换选项。

Bosonnlp 代码托管在 GitHub，并且已经发布到 PyPI，可以直接通过 pip 安装。

```
pip install bosonnlp
```

示例如下。

```
>>> from bosonnlp import BosonNLP
>>> nlp = BosonNLP（'YOUR_API_TOKEN'）
>>> nlp.sentiment（'这家味道还不错'）
[[0.8758192096636473，0.12418079033635264]]
```

可以在 BosonNLP 文档站点阅读详细的 BosonNLP HTTP API 文档。
BosonNLP HTTP API 访问的封装类。

```
Parameters：
token（string）－ 用于 API 鉴权的 API Token
bosonnlp_url（string）－ BosonNLP HTTP API 的 URL，默认为 http://
api.bosonnlp.com
compress（bool）－ 是否压缩大于 10K 的请求体，默认为 True
sentiment（contents，model='general'）
```

BosonNLP 情感分析接口封装。

```
Parameters：
contents（string or sequence of string）－需要做情感分析的文本或者文本
序列
model（string）－使用不同语料训练的模型，默认使用通用模型
Returns：接口返回的结果列表
Raises：HTTPError 如果 API 请求发生错误
```

调用示例如下。

```
>>> import os
>>> nlp = BosonNLP（os.environ['BOSON_API_TOKEN']）
>>> nlp.sentiment（'这家味道还不错'，model='food'）
[[0.9991737012037423，0.0008262987962577828]]
>>> nlp.sentiment（['这家味道还不错'，'菜品太少了而且还不新鲜']，
model='food'）
```

```
[[0.9991737012037423，0.0008262987962577828]，
 [9.940036427291687e-08，0.9999999005996357]]
convert_time（content，basetime=None）
```

BosonNLP 时间描述转换接口封装。

```
Parameters：
content（string）- 中文时间描述字符串
basetime（int or datetime.datetime）- 时间描述的基准时间，传入一个时
间戳或 datetime
Raises：HTTPError 如果 API 请求发生错误
Returns：接口返回的结果
```

调用示例如下。

```
>>> import os
>>> nlp = BosonNLP（os.environ['BOSON_API_TOKEN']）
>>> _json_dumps（nlp.convert_time（"2013 年二月二十八日下午四点三十
分二十九秒"））
'{"timestamp"："2013-02-28 16：30：29"，"type"："timestamp"}'
>>> import datetime
>>> _json_dumps（nlp.convert_time（"今天晚上 8 点到明天下午 3 点"，
datetime.datetime（2015，9，1）））
'{"timespan"：["2015-09-02 20：00：00"，"2015-09-03 15：00：00"]，"type"：
"timespan_0"}'
classify（contents）
```

BosonNLP 新闻分类接口封装。

```
Parameters：contents（string or sequence of string）- 需要做分类的新闻
文本或者文本序列
Returns：接口返回的结果列表
Raises：HTTPError 如果 API 请求发生错误
```

调用示例如下。

```
>>> import os
>>> nlp = BosonNLP（os.environ['BOSON_API_TOKEN']）
```

```
>>> nlp.classify（'俄否决安理会谴责叙军战机空袭阿勒颇平民'）
[5]
>>> nlp.classify（['俄否决安理会谴责叙军战机空袭阿勒颇平民',
...                 '邓紫棋谈男友林宥嘉：我觉得我比他唱得好',
...                 'Facebook 收购印度初创公司']）
[5，4，8]
suggest（word，top_k=None）
```

BosonNLP 关键词提取接口封装。

```
Parameters：
text（string）- 需要做关键词提取的文本
top_k（int）- 默认为 100，返回的结果条数
segmented（bool）- 默认为 False，text 是否已进行了分词，如果为
True，则不会再对内容进行分词处理
Returns：接口返回的结果列表
Raises：HTTPError 如果 API 请求发生错误
```

调用示例如下。

```
>>> import os
>>> nlp = BosonNLP（os.environ['BOSON_API_TOKEN']）
>>> nlp.extract_keywords（'病毒式媒体网站：让新闻迅速蔓延', top_k=2）
[[0.8391345017584958，'病毒式']，[0.3802418301341705，'蔓延']]
depparser（contents）
```

BosonNLP 依存文法分析接口封装。

```
Parameters：contents（string or sequence of string）- 需要做依存文法分
析的文本或者文本序列
Returns：接口返回的结果列表
Raises：HTTPError 如果 API 请求发生错误
```

调用示例如下。

```
>>> import os
>>> nlp = BosonNLP（os.environ['BOSON_API_TOKEN']）
>>> nlp.depparser（'今天天气好'）
```

```
[{'head': [2, 2, -1],
  'role': ['TMP', 'SBJ', 'ROOT'],
  'tag': ['NT', 'NN', 'VA'],
  'word': ['今天', '天气', '好']}]
>>> nlp.depparser（['今天天气好', '美好的世界']）
[{'head': [2, 2, -1],
  'role': ['TMP', 'SBJ', 'ROOT'],
  'tag': ['NT', 'NN', 'VA'],
  'word': ['今天', '天气', '好']},
 {'head': [1, 2, -1],
  'role': ['DEC', 'NMOD', 'ROOT'],
  'tag': ['VA', 'DEC', 'NN'],
  'word': ['美好', '的', '世界']}]
ner（contents, sensitivity=None, segmented=False）
```

BosonNLP 分词与词性标注封装。

```
Parameters：
    contents（string or sequence of string） - 需要做分词与词性标注的文本或
者文本序列
    space_mode（int（整型）, 0-3 有效） - 空格保留选项
    oov_level（int（整型）, 0-4 有效） - 枚举强度选项
    t2s（int（整型）, 0-1 有效） - 繁简转换选项, 繁转简或不转换
    special_char_conv（int（整型）, 0-1 有效） - 特殊字符转化选项, 针对
回车、Tab 等特殊字符转化或者不转化
    Returns：接口返回的结果列表
    Raises：HTTPError 如果 API 请求发生错误
```

调用参数及返回值详细说明见 http://docs.bosonnlp.com/tag.html。
调用示例如下。

```
>>> import os
>>> nlp = BosonNLP（os.environ['BOSON_API_TOKEN']）
>>> result = nlp.tag（'成都商报记者　姚永忠'）
>>> _json_dumps（result）
'[{"tag": ["ns", "n", "n", "nr"], "word": ["成都", "商报", "记者", "姚
永忠"]}]'
```

```
>>> format_tag_result = lambda tagged: ' '.join('%s/%s' % x for x in zip
(tagged['word'], tagged['tag']))
>>> result = nlp.tag("成都商报记者 姚永忠")
>>> format_tag_result(result[0])
'成都/ns 商报/n 记者/n 姚永忠/nr'
>>> result = nlp.tag("成都商报记者 姚永忠", space_mode=2)
>>> format_tag_result(result[0])
'成都/ns 商报/n 记者/n  /w 姚永忠/nr'
```

BosonNLP 新闻摘要封装。

```
Parameters:
title (unicode) - 需要做摘要的新闻标题。如果没有标题，请传空字符串
content (unicode) - 需要做摘要的新闻正文
word_limit (float or int) -
摘要字数限制。当为 float 时，表示字数为原本的百分比，0.0-1.0 有效；
当为 int 时，表示摘要字数

Note
传 1 默认为百分比
not_exceed (bool，默认为 False) - 是否严格限制字数
Returns: 摘要
Raises: HTTPError 当 API 请求发生错误
```

调用参数及返回值详细说明见 http://docs.bosonnlp.com/summary.html。
调用示例如下。

```
>>> import os
>>> nlp = BosonNLP(os.environ['BOSON_API_TOKEN'])
>>> content = (
        '腾讯科技讯（刘亚澜）10 月 22 日消息，前优酷土豆技术副总裁'
        '黄冬已于日前正式加盟芒果 TV，出任 CTO 一职。'
        '资料显示，黄冬历任土豆网技术副总裁、优酷土豆集团产品'
        '技术副总裁等职务，曾主持设计、运营过优酷土豆多个'
        '大型高容量产品和系统。'
        '此番加入芒果 TV 或与芒果 TV 计划自主研发智能硬件 OS 有关。')
>>> title = '前优酷土豆技术副总裁黄冬加盟芒果 TV 任 CTO'
>>> nlp.summary(title, content, 0.1)
```

> 腾讯科技讯（刘亚澜）10 月 22 日消息，前优酷土豆技术副总裁黄冬已于日前正式加盟芒果 TV，出任 CTO 一职。
> cluster（contents，task_id=None，alpha=None，beta=None，timeout=1800）
> [source]

## 8.3 Jieba 工具词性标注

在前面的 6.3 章节详细介绍了 Jieba 中文分词工具的安装过程及使用方法，本节介绍基于 Python 的词性标注方法，也是通过 Jieba 分词工具介绍词性标注。

词性标注用法示例如下。

```
>>> import jieba.posseg as pseg
>>> words =pseg.cut（"我爱北京天安门"）
>>> for w in words：
...     print w.word，w.flag
...
我  r
爱  v
北京  ns
天安门  ns
```

附上 Jieba 分词的词汇标注表。

1. 名词（1 个一类，6 个二类，5 个三类）

名词分为以下子类：

n       名词
nr      人名
nr1     汉语姓氏
nr2     汉语名字
nrj     日语人名
nrf     音译人名
ns      地名
nsf     音译地名
nt      机构团体名

nz　　　　其他专名
nl　　　　名词性惯用语
n　　　　　名词性语素

2. 时间词（1 个一类，1 个二类）

T　　　　时间词
Tg　　　　时间词性语素

3. 处所词（1 个一类）

s　　　　处所词

4. 方位词（1 个一类）

F　　　　方位词

5. 动词（1 个一类，9 个二类）

v　　　　　动词
vd　　　　副动词
vn　　　　名动词
vshi　　　动词"是"
vyou　　　动词"有"
vf　　　　趋向动词
vx　　　　形式动词
vi　　　　不及物动词（内动词）
vl　　　　动词性惯用语
vg　　　　动词性语素

6. 形容词（1 个一类，4 个二类）

a　　　　　形容词
ad　　　　副形词
an　　　　名形词
ag　　　　形容词性语素
al　　　　形容词性惯用语

7. 区别词（1 个一类，1 个二类）

B　　　　区别词

bl         区别词性惯用语

**8. 状态词（1 个一类）**

z           状态词

**9. 代词（1 个一类，4 个二类，6 个三类）**

r           代词
rr         人称代词
rz         指示代词
rzt       时间指示代词
rzs       处所指示代词
rzv       谓词性指示代词
ry         疑问代词
ryt       时间疑问代词
rys       处所疑问代词
ryv       谓词性疑问代词
rg         代词性语素

**10. 数词（1 个一类，1 个二类）**

m          数词
mq        数量词

**11. 量词（1 个一类，2 个二类）**

q          量词
qv        动量词
qt        时量词

**12. 副词（1 个一类）**

d          副词

**13. 介词（1 个一类，2 个二类）**

p          介词
pba       介词"把"
pbei     介词"被"

**14. 连词**（1 个一类，1 个二类）

c　　　　连词
cc　　　并列连词

**15. 助词**（1 个一类，13 个二类）

u　　　　助词
uzhe　　着
ule　　　了 喽
uguo　　过
ude1　　的 底
ude2　　地
ude3　　得
usuo　　所
udeng　 等 等等 云云
uyy　　　一样 一般 似的 般
udh　　　的话
uls　　　来讲 来说 而言 说来
uzhi　　之
ulian　　连（"连小学生都会"）

**16. 叹词**（1 个一类）

e　　　　叹词

**17. 语气词**（1 个一类）

Y　　　　语气词

**18. 拟声词**（1 个一类）

O　　　　拟声词

**19. 前缀**（1 个一类）

h　　　　前缀

**20. 后缀**（1 个一类）

k　　　　后缀

21. 字符串（1个一类，2个二类）

x          字符串
xx         非语素字
xu         网址 URL

22. 标点符号（1个一类，15个二类）

w          标点符号
wkz        左括号，全角：（〔 ［ ｛ 《【 〖 〈 半角：( [ { <
wky        右括号，全角：）〕 ］ ｝ 》】 〗 〉 半角：) ] { >
wyz        左引号，全角：" ' 『
wyy        右引号，全角：" ' 』
wj         句号，全角：。
ww         问号，全角：？ 半角：?
wt         叹号，全角：！ 半角：!
wd         逗号，全角：， 半角：,
wf         分号，全角：； 半角：;
wn         顿号，全角：、
wm         冒号，全角：： 半角：:
ws         省略号，全角：…… …
wp         破折号，全角：—— － － —— － 半角：--- ----
wb         百分号千分号，全角：％ ‰ 半角：%
wh         单位符号，全角：￥ $ ￡ ° ℃ 半角：$

同时 Jieba 工具可以计算词的位置（Tokenize 返回词语在原文的起始位置）。
注意，输入参数只接受 unicode，默认模式如下。

```
result = jieba.tokenize（u'永和服装饰品有限公司'）
for tk in result：
    print "word %s\t\t start：%d \t\t end：%d" %（tk[0]，tk[1]，tk[2]）
word 永和              start：0                end：2
word 服装              start：2                end：4
word 饰品              start：4                end：6
word 有限公司           start：6                end：10
```

搜索模式如下。

```
result = jieba.tokenize（u'永和服装饰品有限公司'，mode='search'）
```

```
for tk in result：
    print "word %s\t\t start：%d \t\t end：%d" %（tk[0]，tk[1]，tk[2]）
word  永和                      start：0                    end：2
word  服装                      start：2                    end：4
word  饰品                      start：4                    end：6
word  有限                      start：6                    end：8
word  公司                      start：8                    end：10
word  有限公司                   start：6                    end：10
```

## 8.4　案例分析：基于 Jieba 工具的词性标注

### 8.4.1　中文分词

假设已经从微博或其他网站中爬取了 10 条新闻数据，并存储在本地的 test.txt 文本中，该 txt 文本采用的是 UTF-8 的编码方式，如图 8-2 所示。详见 7.3.1 小节。

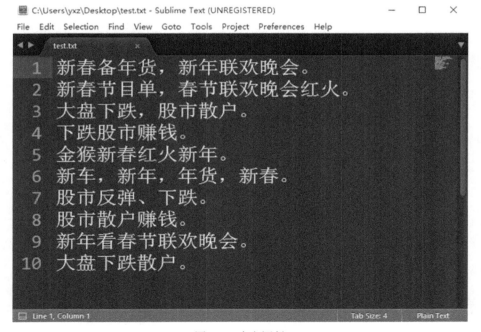

图 8-2　中文语料

Python 代码进行分词的核心代码如下。

```
import jieba
import jieba.analyse
source = open("test.txt", 'r')
line = source.readline()
seglist = jieba.cut(line,cut_all=False)   #精确模式
output = ' '.join(list(seglist))          #空格拼接
#写入文件
```

分词后的输出结果存储在 reslut.txt 文件中，如图 8-3 所示。

```
新春 备 年货 ， 新年 联欢晚会 。
新春 节目单 ， 春节 联欢晚会 红火 。
大盘 下跌 ， 股市 散户 。
下跌 股市 赚钱 。
金猴 新春 红火 新年 。
新年 ， 新年 ， 年货 ， 新春 。
股市 反弹 、 下跌 。
股市 散户 赚钱 。
新年 看 春节 联欢晚会 。
大盘 下跌 散户 。
```

图 8-3　分词结果

### 8.4.2　词性标注

词性标注代码如下。

```
#encoding=utf-8
import sys
import os
import jieba
```

```
import jieba.analyse
import jieba.posseg        #需要另外加载一个词性标注模块
#分词
def read_file_cut（）:
    source = open（"test.txt"，'r'）
    #读取文件内容
    line = source.readline（）
    while line！ ="":
        line = line.rstrip（'\n'）
        line = unicode（line，"utf-8"）
        #调用 posseg.cut 分词
        seg_list = jieba.posseg.cut（line）
        print '========================='
        print line
        for i in seg_list：
            print i.word，i.flag
        line = source.readline（）
    else：
        print 'End'
        source.close（）
#主函数
if __name__ == '__main__':
    read_file_cut（）
```

需要导入词性标注模块，即

```
import jieba.posseg
```

然后调用输出 word 即单词，flag 即词性。输出结果如图 8-4 所示。

其中 v 表示动词，如"下跌"；x 表示一些特殊符号，如"，"或空格等；n 表示名词，如"节目单"。

```
Python 2.7.8 Shell                                          —    □    ×

File  Edit  Shell  Debug  Options  Windows  Help
Python 2.7.8 (default, Jun 30 2014, 16:08:48) [MSC v.1500 64 bit (AMD64)] on win
32
Type "copyright", "credits" or "license()" for more information.
>>> ============================ RESTART ================================
>>>
============================
新春备年货，新年联欢晚会。
 x
Building prefix dict from the default dictionary ...
Loading model from cache c:\users\yxz\appdata\local\temp\jieba.cache
Loading model cost 0.534 seconds.
Prefix dict has been built succesfully.
新春  ns
备  v
年货  n
，  x
新年  t
联欢晚会  l
。  x
  x
============================
新春节目单，春节联欢晚会红火。
新春  ns
节目单  n
，  x
春节  t
联欢晚会  l
红火  n
。  x
  x
============================
大盘下跌，股市散户。
大盘  n
下跌  v
，  x
股市  n
散户  n
。  x
                                                      Ln: 29 Col: 3
```

图 8-4　词性标注结果

# 第9章　向量空间模型及特征提取

　　向量空间模型表示通过向量的形式来表征一个文本，它将中文文本转化为数值特征。一个文本中所蕴含的内容知识可以通过构成文本的各种语义单位本身的特性以及它们在文本中出现的频数来表示。特征项是文本所表达的内容，由它所含的基本语言单位组成，在文本表示模型中所选用的基本语言单位称为文本的特征项。在衡量文本间的相似度时，以两个文本所共同包含的语义单位来显示两个文本的内容相似性。

　　本章主要介绍向量空间模型、特征提取和余弦相似性的基本知识，同时通过以向量空间模型的余弦相似度方法计算百度百科和互动百科旅游景区的消息盒相似度的示例来进行讲解。

## 9.1　向量空间模型

　　向量空间模型表示通过向量的形式来表征一个文本，它将中文文本转化为数值特征。它由 G.Salton 等于 20 世纪 60 年代末提出，是目前最为成熟和应用最为广泛的文本表示模型之一。向量空间模型作为信息检索领域和自然语言处理领域的一种常用工具，它被广泛应用于信息检索、文本分类、搜索引擎、特征提取等领域，并且取得了不错的效果。

　　向量空间模型的一个基本假设是：一个文本所表达内容的特征仅与某些特定的语义单位在该文本中出现的频数有关，而与这些语义单位在文本中出现的位置或顺序无关。也就是说，一个文本中所蕴含的内容知识可以通过构成文本的各种语义单位本身的特性以及它们在文本中出现的频数来表示。

　　文本采用向量空间模型来表示一篇网页对应的语料。一个文档（document）或一篇网页语料被描述为一系列的关键词或特征项（term）向量。

　　文档（document）：是人类自然语言的实际运用形态，泛指一般的由文字构成的文章或文章中的片段（句子、段落或句组）。

特征项（term）：文本所表达的内容由它所含的基本语言单位（字、词、词组或短语）组成，在文本表示模型中所选用的基本语言单位称为文本的特征项。例如，文本 $d$ 中包含 $n$ 个特征项，表示为

$$d\{t_1,t_2,t_3,\cdots,t_{n-1},t_n\}$$

特征项权重（term weight）：对于文本中的某个特征项 $t_i$（其中 $1 \leq i \leq n$），为其赋予权重 $w_i$ 以表示该特征项对于文本内容的重要程度，权重越高的特征项越能反映文本的内容特征。

例如，文本 $d$ 中 $n$ 个特征项，然后计算出各个特征项 $t_i$ 在文本中的权重 $w_i$，此时可以把 $\{t_1,t_2,t_3,\cdots,t_{n-1},t_n\}$ 看成一个 $n$ 维的坐标系，而 $\{w_1,w_2,w_3,\cdots,w_{n-1},w_n\}$ 为相应的坐标值，从而将文本 $d$ 抽象为 $n$ 维空间中以各个特征项的权重作为分量的向量，即将文本表示为

$$\overline{V_d} = (w_1,w_2,\cdots,w_n)$$

其中，$V_d$ 为文本 $d$ 的特征向量。下面的公式用于表示一篇文档。

$$V(d) = \left[t_1 w_1(d), t_2 w_2(d), \cdots, t_n w_n(d)\right]$$

其中，文档 $d$ 共包含 $n$ 个特征词和 $n$ 个权重。$t_i$ 为一系列相互之间不同的特征词，$i=1,2,\cdots,n$。$w_i(d)$ 为特征词 $t_i$ 在文档 $d$ 中的权重，它通常可以被表达为 $t_i$ 在 $d$ 中呈现的频率。特征项权重 $w$ 的计算有很多种不同的方法，其中最简单的方法是以特征项在文本中的出现次数作为该特征项的权重，10.2 章节会介绍 TF-IDF 的权重计算方法。

图 9-1 演示了向量空间模型的文本向量化方法。在向量空间模型中，通常用统计学的方法来确定特征项的权重，衡量权重时所考虑的三个主要因素为：特征项在文本中的出现频率、特征项在训练集合中的出现频率以及特征向量归一化因子。

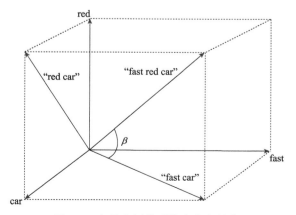

图 9-1　向量空间模型的文本向量化

图 9-2 演示了一篇中文文本在以词语作为特征项、词频作为权重的向量空间模型中的数学表示，该文本在这种权重计算方法下对应的特征向量为（1，0，1，0，…，1，1，0）。

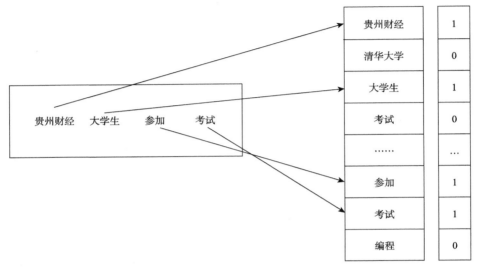

图 9-2　向量空间模型的词频统计

特征项的选取和特征项权重的计算是向量空间模型的两个核心问题。为了使特征向量更能体现文本内容的含义，要为文本选择合理的特征项，并且在给特征项赋权重时遵循对文本内容特征影响越大的特征项的权值越大的原则。

接下来介绍特征提取的方法，这里只是介绍了文本挖掘和文本分析中计算特征项词频的例子，但是很多分类算法、引文推荐系统都需要提取相关的特征，再进行数据分析。

## 9.2　特征提取

在数据挖掘和数据分析中，对语料集中的文本进行分词，去除停用词后，形成的特征词集合，称为初始特征集。前面 9.1 章节介绍的文档 $d$ 中每个特征项可以看成一个特征，它的特征包含了文档 $d$ 中的所有词或词组。大多数现实中的数据挖掘应用都要处理高维数据，但并不是所有特征都很重要。高维数据中可能包含许多不相关的信息，从而会降低数据挖掘的性能。通常会由于维数灾难（curse of dimensionality）或不相关特征而影响数据分析的结果。其中维数灾难是指向量计算的问题随着维数增加，其计算量呈指数倍增的现象，通常高维数据会存在很多弱相关特征和冗余特征。

研究人员发现，减少数据的维度或提取更有价值的特征能够有效地加快计算速度，提高效率，同时确保数据结果的准确性，通常称为特征规约。它是指选择与数据挖掘应用相关的特征，以获取最佳性能，并且使测量和处理的工作量更小。

特征规约包含两个任务：特征提取和特征选择。特征提取和特征选择都是从原始特征中找出最有效的特征，包括同类样本的不变性、不同样本的鉴别性、对噪声的鲁棒性等特征。其中，特征提取是将原始特征转换为一组具有明显物理意义［几何特征（角点、不变量）、纹理］或者统计意义或核的特征；特征选择是从特征集合中挑选一组最具统计意义的特征，达到降维，传统方法包括信息增益（information gain，IG）法、卡方统计量（chi-squared statistic，CHI）法、互信息（mutual information，MI）方法等。两者的共同作用包括以下几点。

（1）减少数据存储，同时尽可能地保持原始数据中包含的信息。

（2）减少冗余。

（3）低纬度上分类性往往会提高。

（4）能发现更有意义的潜在的变量，帮助对数据产生更深入的了解。

图 9-3 是特征提取的过程，经过分词、停用词过滤之后，构建特征词集。

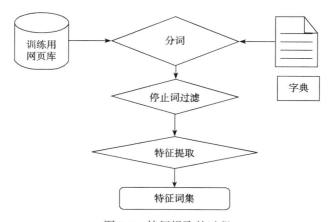

图 9-3　特征提取的过程

特征提取分为线性特征提取和非线性特征提取，其中线性特征提取常见的方法包括 PCA-判别分析（寻找表示数据分布的最优子空间，将原始数据降维并提取不相关的部分，常用于降维）、LDA-线性判别分析（寻找可分性判据最大的子空间）、ICA-独立成分分析（将原始数据降维并提取出相互独立的属性，寻找一个线性变换）。非线性特征提取常见的方法包括 Kernel PCA、Kernel FDA、 manifold learning（流行学习）等。

为了更好地理解特征提取，下面举个例子进行讲解，给出徐明等（2014）学者所研究的微博特征提取方法。由于微博数据主要是短文本内容形式，故存在以下缺点。

（1）每条微博信息分词构成的短文本向量空间异常稀疏，会对文本分类的性能造成很大的影响。

（2）由于微博短文本信息分布不均，有的信息过于短小，使用传统的方法效果并不好。

（3）存在大量不规则的短文本网络用语，如"神马""给力"等，这些不规则信息对热点话题识别、文本分类具有重要意义。

徐明等学者结合具体问题，对微博信息进行了分析，如表 9-1 所示。

表 9-1　微博相关信息分享

| 微博相关信息 | | 是否一定出现 | 与分类关系 | 随时间变化 |
| --- | --- | --- | --- | --- |
| 1. 微博发布者信息 | 姓名 | 是 | 中 | 不变 |
| | 认证情况 | 是 | 低 | 不变 |
| | 关注数 | 是 | 低 | 变化 |
| | 粉丝数 | 是 | 低 | 变化 |
| | 已发微博数 | 是 | 低 | 变化 |
| | 个人信息 | 否 | 高 | 不变 |
| | 被贴的标签 | 否 | 高 | 变化 |
| 2. 微博内容 | 括号内标题 | 否 | 高 | 不变 |
| | 微博的正文 | 是 | 中 | 不变 |
| | 相关链接 | 否 | 中 | 不变 |
| | @到的人 | 否 | 中 | 不变 |
| 3. 回复和转发的情况 | 转发者的个人信息 | 否 | 中 | 不变 |
| | 评论的内容 | 否 | 中 | 变化 |
| | 评论内容中的认证用户发出的信息 | 否 | 高 | 不变 |
| | 被转发和评论的数量 | 是 | 低 | 变化 |

他们尝试引入这些与微博分类相关度较高的信息来弥补语义稀疏的问题，这些特征与微博的正文一起被称为微博的混合特征，通过一个四元组进行定义。

$$T = (T_1, T_2, T_3, T_4)$$

其中，$T_1$ 表示作者个人信息，包括个人介绍、认证情况、标签内容；$T_2$ 表示正文部分；$T_3$ 表示相关链接中的内容，主要指正文@的人所对应的个人信息；$T_4$ 表示评论的内容，通常以被认证的用户为主，如图 9-4 所示。

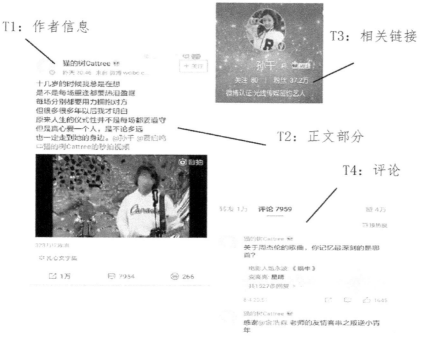

图 9-4　向量空间模型的词频统计

通过该例子，可以看到特征提取主要是从高维数据中归纳最具代表性的特征，以更好地用于数据挖掘和数据分析。

## 9.3　余弦相似性

计算自己喜欢的文章 $D$ 的关键词权重，采用 $D = (w_1, w_2, \cdots, w_n)$ 表示，共计 $n$ 个关键词。当给出一篇文章 $E$ 时，采用相同的方法计算出 $E = (q_1, q_2, \cdots, q_n)$，然后计算 $D$ 和 $E$ 的相似度。

计算两篇文章间的相似度，就通过两个向量的余弦夹角 cos 来描述。文本 $D_1$ 和 $D_2$ 的相似性公式如下，其中分子表示两个向量的点乘积，分母表示两个向量的模的积。

$$\text{sim}(D_1, D_2) = \cos\theta = \frac{\sum_{k=1}^{n} w_k(D_1) \times w_k(D_2)}{\sqrt{\left(\sum_{k=1}^{n} w_k^2(D_1)\right) \times \left(\sum_{k=1}^{n} w_k^2(D_2)\right)}}$$

　　计算过后，就可以得到相似度了。我们也可以人工地选择两个相似度高的文档，计算其相似度，然后定义其阈值。同样，对于一篇文章和自己喜欢的一类文章，可以取平均值或寻找一类文章向量的中心来计算，主要是将语言问题转换为数学问题进行解决。

　　下面参考阮一峰的个人博客，举个例子解释向量空间模型实现余弦相似度计算。

　　假设存在两个句子，如何计算句子 A 和句子 B 的相似度呢?

---
　　句子 A：我喜欢看电视，不喜欢看电影。
　　句子 B：我不喜欢看电视，也不喜欢看电影。
---

　　如果这两句话的用词越相似，它们的内容就应该越相似。因此，可以从词频入手，计算它们的相似度。

　　第一步，分词。

---
　　句子 A：我/喜欢/看/电视，不/喜欢/看/电影。
　　句子 B：我/不/喜欢/看/电视，也/不/喜欢/看/电影。
---

　　第二步，列出所有的词。

---
　　我，喜欢，看，电视，电影，不，也。
---

　　第三步，计算词频。

---
　　句子 A：我 1，喜欢 2，看 2，电视 1，电影 1，不 1，也 0。
　　句子 B：我 1，喜欢 2，看 2，电视 1，电影 1，不 2，也 1。
---

　　第四步，写出词频向量。

---
　　句子 A：[1, 2, 2, 1, 1, 1, 0]
　　句子 B：[1, 2, 2, 1, 1, 2, 1]
---

　　到这里，问题就变成了如何计算这两个向量的相似度。

　　使用余弦这个公式，我们就可以得到句子 A 与句子 B 的夹角的余弦。

$$
\begin{aligned}
\cos\theta &= \frac{1\times1+2\times2+2\times2+1\times1+1\times1+1\times2+0\times1}{\sqrt{1^2+2^2+2^2+1^2+1^2+1^2+0^2}\times\sqrt{1^2+2^2+2^2+1^2+1^2+2^2+1^2}} \\
&= \frac{13}{\sqrt{12}\times\sqrt{16}} \\
&= 0.938
\end{aligned}
$$

其中，余弦值越接近 1，就表明夹角越接近 0 度，也就是两个向量越相似，这就叫"余弦相似性"。所以，上面的句子 A 和句子 B 是很相似的，事实上它们的夹角大约为 20.3 度。

由此，我们就得到了"找出相似文章"的算法模型。

（1）使用 TF-IDF 算法，找出两篇文章的关键词。

（2）每篇文章各取出若干个关键词（如 20 个），合并成一个集合，计算每篇文章对于这个集合中的词的词频（为了避免文章长度的差异，可以使用相对词频）。

（3）生成两篇文章各自的词频向量。

（4）计算两个向量的余弦相似度，值越大就表示越相似。

余弦相似度是一种非常有用的算法，只要是计算两个向量的相似度，都可以用它。但是余弦相似度作为最简单的相似度计算方法，也存在一些缺点，包括计算量太大、添加新文本需要重新训练词的权值、未考虑词之间的关联性等。在 10.3 章节会介绍常用的文本相似度计算方法，但还有很多的相似度计算方法，建议读者自己去学习。

## 9.4　案例分析：基于向量空间模型的余弦相似度计算

这个例子主要讲述通过 Python 实现基于向量空间模型的余弦相似度的相关计算知识。主要是针对百度百科和互动百科旅游景点的消息盒数据进行相似度计算。

### 9.4.1　分析流程

首先需要使用Python爬取百度百科和互动百科的旅游景点的消息盒数据，其中百度百科和互动百科的"故宫消息盒"如图 9-5 和图 9-6 所示。

| 中文名称 | 故宫博物院 | 建筑面积 | 约100万平方米 |
| 外文名称 | The Palace Museum | 著名景点 | 乾清宫 太和殿 皇极殿 午门 |
| 类　别 | 世界遗产 · 历史古迹 · 历史博物馆 | 景点级别 | AAAAA级 |
| 地　点 | 北京 | 门票价格 | 60元旺季/40元淡季 |
| 竣工时间 | 1421年（明代永乐19年） | 所属国家 | 中国 |
| 开放时间 | 08:20-18:00旺季/12:00淡季(周一闭馆) | 所属城市 | 北京市东城区 |
| 馆藏精品 | 清明上河图、乾隆款金瓯永固杯、酤亚方樽 | 建议游玩时长 | 4-8小时 |
| 占地面积 | 约720万平方米 | 适宜游玩季节 | 春季 |

图 9-5　百度百科–故宫消息盒

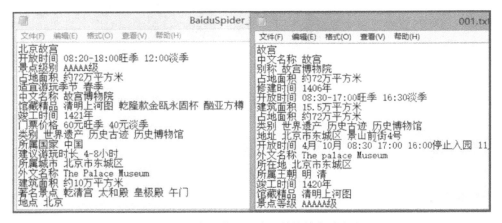

图 9-6　互动百科-故宫消息盒

通过 Selenium 爬取"国家 5A 级景区"的消息盒，爬取数据如图 9-7 所示。

图 9-7　百度百科和互动百科的故宫消息盒

　　然后使用开源 Jieba 中文分词工具进行分词处理，计算"百度百科-故宫"和"互动百科-故宫"的消息盒相似度代码，基本步骤如下。

　　（1）分别统计两个文档的关键词，读取 txt 文件，代码中通过 CountKey（）函数统计。

　　（2）将两篇文章的关键词合并成一个集合，代码中调用 MergeKey（）函数，关键词相同的合并，不同的进行添加。

　　（3）计算每篇文章对于这个集合的词频，并使用向量空间模型进行存储；其他相似度计算也可以使用 TF-IDF 算法计算权重。

　　（4）生成两篇文章各自的词频向量。

　　（5）计算两个向量的余弦相似度，值越大表示两个景点的消息盒越相似，相反则越不相似。

实现过程如图 9-8 所示。

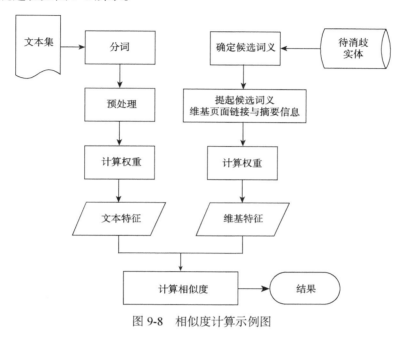

图 9-8　相似度计算示例图

## 9.4.2　代码实现

下面是 Python 实现百度百科和互动百科关于消息盒的相似度计算的代码。

```python
   [python] view plain copy
# -*- coding：utf-8 -*-

import time
import re
import os
import string
import sys
import math


''' -------------------------------------------------- '''
#统计关键词及个数
def CountKey（fileName，resultName）：
```

```
    try：
        #计算文件行数
        lineNums = len（open（fileName，'rU'）.readlines（））
        print u'文件行数：' + str（lineNums）
        #统计格式  格式<Key：Value> <属性：出现个数>
        i = 0
        table = {}
        source = open（fileName，"r"）
        result = open（resultName，"w"）
        while i < lineNums：
            line = source.readline（）
            line = line.rstrip（'\n'）
            print line
            words = line.split（" "）  #空格分隔
            print str（words）.decode（'string_escape'）#list 显示中文
            #字典插入与赋值
            for word in words：
                if word！ ="" and table.has_key（word）：        #如果存
在次数加 1
                    num = table[word]
                    table[word] = num + 1
                elif word！ ="":                              #否则
初值为 1
                    table[word] = 1
            i = i + 1

        #键值从大到小排序 函数原型：sorted（dic，value，reverse）
        dic = sorted（table.iteritems（），key = lambda asd：asd[1]，
reverse = True）
        for i in range（len（dic））：
            #print 'key=%s，value=%s' % （dic[i][0]，dic[i][1]）
            result.write（"<"+dic[i][0]+"："+str（dic[i][1]）+">\n"）
        return dic

    except Exception，e：
```

```
                    print 'Error：',  e
            finally：
                    source.close（）
                    result.close（）
                    print 'END\n\n'
""" ----------------------------------------------------- '''
#统计关键词及个数 并计算相似度
def MergeKeys（dic1，dic2）：
        #合并关键词 采用三个数组实现
        arrayKey = []
        for i in range（len（dic1））：
                arrayKey.append（dic1[i][0]）        #向数组中添加元素
        for i in range（len（dic2））：
                if dic2[i][0] in arrayKey：
                        print 'has_key'，dic2[i][0]
                else：                                        #合并
                        arrayKey.append（dic2[i][0]）
        else：
                print '\n\n'
        test = str（arrayKey）.decode（'string_escape'）  #字符转换
        print test
        #计算词频 infobox 可忽略 TF-IDF
        arrayNum1 = [0]*len（arrayKey）
        arrayNum2 = [0]*len（arrayKey）
        #赋值 arrayNum1
        for i in range（len（dic1））：
                key = dic1[i][0]
                value = dic1[i][1]
                j = 0
                while j < len（arrayKey）：
                        if key == arrayKey[j]：
                                arrayNum1[j] = value
                                break
                        else：
                                j = j + 1
```

```
#赋值 arrayNum2
for i in range（len（dic2））：
    key = dic2[i][0]
    value = dic2[i][1]
    j = 0
    while j < len（arrayKey）：
        if key == arrayKey[j]：
            arrayNum2[j] = value
            break
        else：
            j = j + 1
print arrayNum1
print arrayNum2
print len（arrayNum1），len（arrayNum2），len（arrayKey）

#计算两个向量的点积
x = 0
i = 0
while i < len（arrayKey）：
    x = x + arrayNum1[i] * arrayNum2[i]
    i = i + 1
print x

#计算两个向量的模
i = 0
sq1 = 0
while i < len（arrayKey）：
    sq1 = sq1 + arrayNum1[i] * arrayNum1[i]     #pow（a，2）
    i = i + 1
print sq1

i = 0
sq2 = 0
while i < len（arrayKey）：
    sq2 = sq2 + arrayNum2[i] * arrayNum2[i]
```

```
        i = i + 1
    print sq2

    result = float（x）/（math.sqrt（sq1）* math.sqrt（sq2））
    return result
'''----------------------------------------------------
    基本步骤：
        1.分别统计两个文档的关键词
        2.两篇文章的关键词合并成一个集合，相同的合并，不同的添加
        3.计算每篇文章的词频，并采用 TF-IDF 算法计算权重
        4.生成两篇文章各自的词频向量
        5.计算两个向量的余弦相似度，值越大表示越相似
        ---------------------------------------------------- '''
#主函数
def main（）：
    #计算文档 1-百度的关键词及个数
    fileName1 = "BaiduSpider.txt"
    resultName1 = "Result_Key_BD.txt"
    dic1 = CountKey（fileName1，resultName1）
    #计算文档 2-互动的关键词及个数
    fileName2 = "HudongSpider\\001.txt"
    resultName2 = "HudongSpider\\Result_Key_001.txt"
    dic2 = CountKey（fileName2，resultName2）
    #合并两篇文章的关键词及相似度计算
    result = MergeKeys（dic1，dic2）
    print result
if __name__ == '__main__':
    main（）
```

　　注意：笔者习惯在一个 py 文件中，通过调用不同的子函数实现不同的功能，而有的程序员习惯通过调用多个 py 文件进行相互调用，这个看读者的个人喜好。同时在书写代码过程中，良好的注释有助于阅读和与自己对接程序的学者进行交流。

　　由于只需要计算消息盒的相似度，所以仅通过词频就可以表示权重，在代码中简单添加循环后，可以计算百度百科的"故宫"与互动百科不同实体的相似

度，运行结果如图 9-9 所示，可以发现百度百科的"北京故宫"景区与所有互动百科景区的相似度计算结果，其中，与互动百科的"故宫"相似度最高。这也是简单的文本相似度计算实例，同时由于消息盒存在的词汇不多，所以余弦相似度的结果不是很高，但基本能反映此类问题。

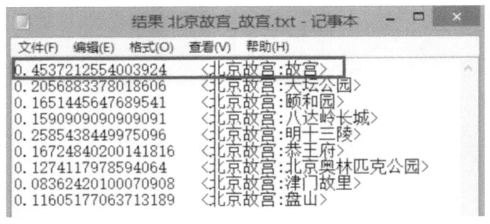

图 9-9　相似度计算结果

# 第 10 章 权重计算及 TF-IDF

在建立向量空间模型的过程中，权重的表示尤为重要，常用的方法包括布尔权重、词频权重、TF-IDF 权重、TFC 方法、熵权重方法等。本章主要讲述常用的权重计算方法，并详细讲解 TF-IDF 的计算方法和示例，同时介绍文本相似度计算的方法，最后介绍一个基于 TF-IDF 计算过程的案例。

## 10.1 权 重 计 算

特征权重用于衡量某个特征项在文档表示中的重要程度或区别能力的强弱。权重计算的一般方法是通过文本的统计信息，如词频，给特征项赋予一定的权重。常用的权重计算方法包括布尔权重、绝对词频、倒文档词频、TF-IDF、熵权重、TF-IWF（inverse word frequency）等。

### 1. 布尔权重

布尔权重是最简单的权重计算方法，权重包括1或者0。如果该文本中出现了该特征词，则文本向量的该分量为 1；如果该特征项没有在文本中出现，则该文本向量的该分量为 0。公式如下所示，其中，$W_{ij}$ 表示特征词 $t_i$ 在文本 $D_j$ 中的权重。

$$W_{ij} = \begin{cases} 1, & \text{词频} > 0 \\ 0, & \text{词频} = 0 \end{cases}$$

假设特征向量为{中国，美国，…，奥运会，世界杯，世锦赛，…，加油，失败}。现在存在一句话"中国奥运会加油"，则这句话对应的布尔权重如下所示。

> 特征空间：{中国，美国，…，奥运会，世界杯，世锦赛，…，加油，失败}
> 分词后句子：中国 奥运会 加油
> 特征向量：[1, 0, …, 1, 0, 0, …, 1, 0]

其中，存在特征词的分量为 1，不存在特征词的分量为 0。

### 2. 绝对词频

由于实际应用中布尔权重的 0、1 值无法体现特征项在文本中的作用程度，所以它逐渐被词频所替代。绝对词频是通过使用特征项在文档中出现的频率表示文本的。通常使用 $tf_{ij}$ 表示，即特征项 $t_i$ 在训练文本 $D_j$ 中出现的频率。

这里以 9.3 章节中的示例来说明。

> 句子 A：我喜欢看电视，不喜欢看电影。
> 分词：我 喜欢 看 电视，不 喜欢 看 电影 。
>
> 特征空间：{我，喜欢，看，电视，电影，不，也}
> 词频统计：我 1，喜欢 2，看 2，电视 1，电影 1，不 1，也 0。
> 对应的词频向量：[1，2，2，1，1，1，0]

同时，前面 9.4 章节的案例采用的是向量空间模型计算文本的余弦相似性，其中权重计算采用词频方法，计算特征项出现的词频，这是最简单的方法之一。

### 3. 倒文档词频

绝对词频方法无法体现低频特征项的区分能力，因为会存在某些特征项频率很高但作用程度很弱的现象，如很多常用词"的""我""是"等；而有些特征项虽然频率很低，但在文档中起到了很重要的作用。

1972 年 Spark Jones 提出了计算词与文献相关权重的经典计算方法，即倒文档词频，它在信息检索中占有重要的地位。具体公式如为

$$\mathrm{idf}_{i,j} = \log \frac{|D|}{1 + |D_{t_i}|}$$

其中，$|D|$ 表示语料中文本的总数；$|D_{t_i}|$ 表示文本中包含特征词 $t_i$ 的数量。

IDF 方法的权重随着包含某个特征的文档数量的变化呈反向变化。例如，某些常用词"的""我""是"，通常在所有文档中出现频率很高，其 IDF 值却非常低，如果其在每篇文档中都出现，则 log1 的计算结果为 0，从而降低了这些常用词的作用。相反，如果是一篇介绍"奥运会"的文章，那么"奥运会"这个关键词在该文档中出现的频率就极高。

## 4. TF-IDF

TF-IDF 是一种常用于信息处理和数据挖掘的权重计算技术。由于该方法是非常经典的权重计算方法，这里只进行简单的叙述，我们将在下一节对其原理方法和使用实例进行详细介绍。其计算公式为

$$\text{tfidf}_{i,j} = \text{tf}_{i,j} \times \text{idf}_{i,j}$$

该公式表示词频与倒文档词频的乘积，即权重与特征项在文档中出现的频率成正比，与在整个语料中出现该特征项的文档数成反比。

同时，TFC 和 ITC 方法都是 TF-IDF 方法的变种。TFC 是对文本长度进行归一化处理后的 TF-IDF，ITC 是在 TFC 的基础上，用 $tf_{ij}$ 的对数值代替 $tf_{ij}$ 值。希望感兴趣的读者自行去学习。

## 5. 熵权重

熵原本是热力学中的一个概念，它最先由 C.E.Shannon 引入信息论，称为信息熵。熵权重是一种客观赋权方法，在具体使用过程中，熵权重方法根据各项指标的变异程度，利用信息熵计算出各项指标的熵权，再通过熵权对各指标的权重进行修正，从而得到较为客观的指标权重。

## 6. TF-IWF

TF-IWF 权重算法也是在 TF-IDF 算法的基础上由 R.Basili 在 1999 年提出的。TF-IWF 与 TF-IDF 的不同之处主要体现在：TF-IWF 算法中用特征频率倒数的对数值 IWF 代替 IDF，TF-IWF 算法中采用了 IWF 的平方，而 IDF 算法中采用的是一次方。由于 IDF 的一次方给了特征频率太多的倚重，所以用 IWF 的平方来平衡权重值对特征频率的倚重。

除了上面叙述的常用权重计算方法，还有很多其他的权重计算方法，包括基于错误驱动的特征权重算法、TF×IDF×IG 权重算法等，感兴趣读者可以自行去学习。

## 10.2　TF-IDF

TF-IDF 是一种常用于信息处理和数据挖掘的加权技术。该技术采用一种统计方法，根据字词在文本中出现的次数和在整个语料中出现的文档频率来计算一个字词在整个语料中的重要程度。它的优点是能过滤掉一些常见的却无关紧要本的词语，同时保留影响整个文本的重要字词。其计算公式为

$$\mathrm{tfidf}_{i,j} = \mathrm{tf}_{i,j} \times \mathrm{idf}_{i,j}$$

其中，$\mathrm{tfidf}_{i,j}$ 表示词频 $\mathrm{tf}_{i,j}$ 和倒文本词频 $\mathrm{idf}_{i,j}$ 的乘积。TF-IDF 值越大，表示该特征词对这个文本的重要性越大。

TF 表示某个关键词在整篇文章中出现的频率；IDF 表示计算倒文本频率。文本频率是指某个关键词在整个语料所有文章中出现的次数。倒文档词频又称为逆文档词频，它是文档词频的倒数，主要用于降低所有文档中一些常见却对文档影响不大的词语的作用。

TF 词频的计算公式为

$$\mathrm{tf}_{i,j} = \frac{n_{i,j}}{\sum_k n_{k,j}}$$

其中，$n_{i,j}$ 为特征词 $t_i$ 在文本 $d_j$ 中出现的次数，$\sum_k n_{k,j}$ 是文本 $d_j$ 中所有特征词的个数。计算的结果即某个特征词的词频。

IDF 的计算公式为

$$\mathrm{idf}_{i,j} = \log \frac{|D|}{1+|D_{t_i}|}$$

其中，$|D|$ 表示语料中文本的总数，$|D_{t_i}|$ 表示文本中包含特征词 $t_i$ 的数量。为防止该词语在语料库中不存在，即分母为 0，则使用 $1+|D_{t_i}|$ 作为分母。

下面通过一个示例讲解 TF-IDF 权重计算的方法。

假设现在有一篇文章《贵州的大数据分析》，这篇文章包含了 10 000 个词组，其中"贵州""大数据""分析"各出现100次，"的"出现500次（假设没有去除停用词），则通过 TF 词频计算公式，可以计算得到三个单词的词频，即

$$词频 = \frac{某个词组在文章中出现的次数}{该文章的总词组数}$$

TF（贵州）=100/10 000=0.01

TF（大数据）=100/10 000=0.01

TF（分析）=100/10 000=0.01

TF（的）=500/10 000=0.05

现在语料库中共存在 1 000 篇文章，其中包含"贵州"的共 99 篇，包含"大数据"的共 19 篇，包含"分析"的共 59 篇，包含"的"的共 899 篇。则它们的 IDF 计算如下。

$$逆文档频率 = \log\left(\frac{语料库中文档总数}{包含该词组的文章个数 +1}\right)$$

> IDF（贵州）=log（1 000/100）=1.000
>
> IDF（大数据）=log（1 000/20）=1.700
>
> IDF（分析）=log（1 000/60）=1.221
>
> IDF（的）=log（1 000/900）=0.046

由 IDF 可以发现，当某个词在语料库中各个文档出现的次数越多，它的 IDF 值越低；当它在所有文档中都出现时，其 IDF 计算结果为 0，而通常这些出现次数非常多的词或字为"的""我""吗"等，这些常见词对文章的权重计算起不到一定的作用。

计算出的 TF-IDF 值如下。

> TF – IDF = 词频×逆文档频率
>
> TF-IDF（贵州）=0.01×1.000=0.010
>
> TF-IDF（大数据）=0.01×1.700=0.017
>
> TF-IDF（分析）=0.01×1.221=0.012
>
> TF-IDF（的）=0.01×0.046=0.000 46

通过 TF-IDF 计算，"大数据"在某篇文章中出现频率很高，这就能反映这篇文章的主题就是关于"大数据"的。如果只选择一个词，"大数据"就是这篇文章的关键词。所以，可以通过 TF-IDF 方法统计文章的关键词。同时，如果同时计算"贵州""大数据""分析"的 TF-IDF，将这些词的 TF-IDF 相加，可以得到整篇文档的值，用于信息检索。

TF-IDF 的主要思想是如果某个词或短语在一篇文章中出现的频率高，并且在其他文章中很少出现，则认为此词或者短语具有很好的类别区分能力，适合用来做权重计算。TF-IDF 算法的优点是简单快速，结果比较符合实际情况。缺点是单纯以词频衡量一个词的重要性，不够全面，有时重要的词可能出现次数并不多。而且，这种算法无法体现词的位置信息。

下面通过案例来讲解 TF-IDF 计算权重的方法。

## 10.3　Scikit-Learn 中的 TF-IDF 使用方法

Scikit-Learn 是基于 Python 的机器学习模块，基于 BSD（Berkeley software Distribution，伯克利软件套件）开源许可。Scikit-Learn 的基本功能主要被分为六个部分，即分类、回归、聚类、数据降维、模型选择、数据预处理，具体可以参考官方网站上的文档，本书在第四部分也将详细介绍 Scikit-Learn 的安装及使用方法。

Scikit-Learn 中的 TF-IDF 权重计算方法主要用到两个类：CountVectorizer 和 TfidfTransformer。

## 10.3.1　CountVectorizer

CountVectorizer 类会将文本中的词语转换为词频矩阵，如矩阵中包含一个元素 $a[i][j]$，它表示 $j$ 词在 $i$ 类文本下的词频。它通过 fit_transform 函数计算各个词语出现的次数，通过 get_feature_names（）可获取词袋中所有文本的关键字，通过 toarray（）可看到词频矩阵的结果。举例如下。

```
# coding：utf-8
from sklearn.feature_extraction.text import CountVectorizer
#语料
corpus = [
    'This is the first document.',
    'This is the second second document.',
    'And the third one.',
    'Is this the first document? '
]
#将文本中的词语转换为词频矩阵
vectorizer = CountVectorizer（）
#计算各词语出现的次数
X = vectorizer.fit_transform（corpus）
#获取词袋中所有文本关键词
word = vectorizer.get_feature_names（）
print word
#查看词频结果
print X.toarray（）
```

输出结果如图 10-1 所示。

```
>>>
[u'and', u'document', u'first', u'is', u'one', u'second', u'the', u'third', u'th
is']
[[0 1 1 1 0 0 1 0 1]
 [0 1 0 1 0 2 1 0 1]
 [1 0 0 0 1 0 1 1 0]
 [0 1 1 1 0 0 1 0 1]]
>>>
```

图 10-1　词频输出结果

　　从结果中可以看到，总共包括 9 个特征词，即[u'and', u'document', u'first', u'is', u'one', u'second', u'the', u'third', u'this']。同时输出的每个句子中包含特征词的个数。例如，第一句 "This is the first document."，它对应的词频为[0，1，1，1，0，0，1，0，1]，假设初始序号从 1 开始计数，则该词频表示存在第 2 个位置的单词 "document" 共 1 次、第 3 个位置的单词 "first" 共 1 次、第 4 个位置的单词 "is" 共 1 次、第 9 个位置的单词 "this" 共 1 次。所以，每个句子都会得到一个词频向量。

## 10.3.2　TfidfTransformer

TfidfTransformer 用于统计 vectorizer 中每个词语的 TF-IDF 值，具体用法如下。

```
# coding：utf-8
from sklearn.feature_extraction.text import CountVectorizer
#语料
corpus = [
    'This is the first document.',
    'This is the second second document.',
    'And the third one.',
    'Is this the first document?  ',
]
#将文本中的词语转换为词频矩阵
vectorizer = CountVectorizer（）
#计算个词语出现的次数
X = vectorizer.fit_transform（corpus）
#获取词袋中所有文本关键词
word = vectorizer.get_feature_names（）
print word
#查看词频结果
print X.toarray（）

from sklearn.feature_extraction.text import TfidfTransformer
#类调用
transformer = TfidfTransformer（）
print transformer
```

```
#将词频矩阵 X 统计成 TF-IDF 值
tfidf = transformer.fit_transform（X）
#查看数据结构  tfidf[i][j]表示 i 类文本中的 tf-idf 权重
print tfidf.toarray（）
```

输出结果如图 10-2 所示。

```
>>>
[u'and', u'document', u'first', u'is', u'one', u'second', u'the', u'third', u'th
is']
[[0 1 1 1 0 0 1 0 1]
 [0 1 0 1 0 2 1 0 1]
 [1 0 0 0 1 0 1 1 0]
 [0 1 1 1 0 0 1 0 1]]
TfidfTransformer(norm=u'l2', smooth_idf=True, sublinear_tf=False,
        use_idf=True)
[[ 0.          0.43877674  0.54197657  0.43877674  0.          0.
   0.35872874  0.          0.43877674]
 [ 0.          0.27230147  0.          0.27230147  0.          0.85322574
   0.22262429  0.          0.27230147]
 [ 0.55280532  0.          0.          0.          0.55280532  0.
   0.28847675  0.55280532  0.          ]
 [ 0.          0.43877674  0.54197657  0.43877674  0.          0.
   0.35872874  0.          0.43877674]]
>>>
```

图 10-2　TF-IDF 输出结果

其中输出 TfidfTransformer 函数如下。

```
TfidfTransformer（norm=u'l2'，smooth_idf=True，sublinear_tf=False，
use_idf=True）
```

TF-IDF 值对应 **X** 的词频，包括四个向量，每个向量对应一个句子。例如，包括 9 个值，也是对应特征词[u'and'，u'document'，u'first'，u'is'，u'one'，u'second'，u'the'，u'third'，u'this']。

```
[ 0.     0.43877674     0.54197657     0.43877674     0.     0.
  0.35872874     0.     0.43877674]
```

讲到这里，Python 计算 TF-IDF 的方法已经介绍完了，后面将通过一个示例讲解 TF-IDF 的具体使用方法。

## 10.4　案例分析：TF-IDF 计算中文语料权重

本节主要通过一个案例介绍 TF-IDF 中文文本处理的方法。

### 10.4.1　语料预处理

假设已经从微博或其他网站中爬取了 10 条新闻数据，并存储在本地的 test.txt 文本中，该 txt 文本采用的是 UTF-8 的编码方式，如图 10-3 所示。

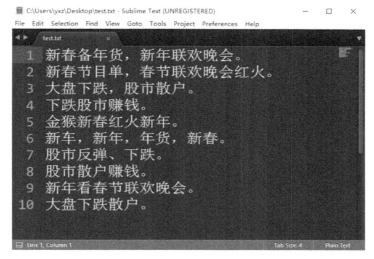

图 10-3　中文语料

然后需要对 test.txt 文本语料进行预处理，采用 Jieba 工具进行中文分词（详见 6.3 章节）再通过 Python 代码进行分词，代码如下。

```
#encoding=utf-8
import sys
import re
import codecs
import os
import jieba
import jieba.analyse
#分词
def read_file_cut（）：
    source = open（"test.txt", 'r'）
    result = codecs.open（"result.txt", 'w', 'utf-8'）
    #读取文件内容
    line = source.readline（）
```

```
            line = line.rstrip（'\n'）
            while line！ =""：
                line = unicode（line，"utf-8"）
                #分词处理
                seglist = jieba.cut（line，cut_all=False）  #精确模式
                output = ' '.join（list（seglist））           #空格拼接
                print output
                #写入文件
                result.write（output + '\r\n'）
                print line
                line = source.readline（）
            else：
                print 'End'
                source.close（）
                result.close（）


        #主函数
        if __name__ == '__main__'：
        read_file_cut（）
```

分词后的输出结果存储在 reslut.txt 文件中，如图 10-4 所示。

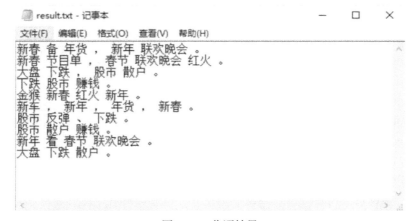

图 10-4　分词结果

得到分词结构后，同时可以对其结果进行停用词过滤或者删除特殊字符，如

标点符号，删除后如下所示，仅通过空格连接词组。

```
新春 备 年货 新年 联欢晚会
新春 节目单 春节 联欢晚会 红火
大盘 下跌 股市 散户
下跌 股市 赚钱
金猴 新春 红火 新年
新车 新年 年货 新春
股市 反弹 下跌
股市 散户 赚钱
新年 看 春节 联欢晚会
大盘 下跌 散户
```

## 10.4.2 TF-IDF 计算过程

然后通过下面的代码计算 TF-IDF 值。

```
# coding=utf-8
import time
import re
import os
import sys
import codecs
import shutil
from sklearn import feature_extraction
from sklearn.feature_extraction.text import TfidfTransformer
from sklearn.feature_extraction.text import CountVectorizer
'''
```

sklearn 里面的 TF-IDF 主要用到了两个函数：CountVectorizer（）和 TfidfTransformer（）

　　　　CountVectorizer 是通过 fit_transform 函数将文本中的词语转换为词频矩阵

　　　　矩阵元素 weight[i][j] 表示 $j$ 词在第 $i$ 个文本下的词频，即各个词语出现的次数

　　　　通过 get_feature_names（）可看到所有文本的关键字，通过 toarray（）可看到词频矩阵的结果

```
        TfidfTransformer 也有个 fit_transform 函数，它的作用是计算 tf-idf 值
"""
if __name__ == "__main__":
    corpus = [] #文档预料 空格连接

    #读取预料 一行预料为一个文档
    for line in open（'result.txt', 'r'）.readlines（）:
        corpus.append（line.strip（））

    #将文本中的词语转换为词频矩阵 矩阵元素 a[i][j] 表示 j 词在 i 类文
本下的词频
    vectorizer = CountVectorizer（）
    #该类会统计每个词语的 tf-idf 权值
    transformer = TfidfTransformer（）
    #第一个 fit_transform 是计算 tf-idf 第二个 fit_transform 是将文本转为
词频矩阵
    tfidf = transformer.fit_transform（vectorizer.fit_transform（corpus））
    #获取词袋模型中的所有词语
    word = vectorizer.get_feature_names（）
    #将 tf-idf 矩阵抽取出来，元素 w[i][j]表示 j 词在 i 类文本中的 tf-idf 权重
    weight = tfidf.toarray（）
    #输出特征词
    print u'输出特征词'
    for j in range（len（word））:
        print word[j],
    print '\n'

    #打印每类文本的 tf-idf 词语权重，第一个 for 遍历所有文本，第二个
for 遍历某一类文本下的词语权重
    print u'输出 TF-IDF 权重\n'
    for i in range（len（weight））:
        print u"-------这里输出第", i, u"类文本的词语 tf-idf 权重------"
        for j in range（len（word））:
            print weight[i][j],
        print '\n'
```

输出结果如下，包括特征词和对应的权重。

```
>>>
输出特征词
 下跌 反弹 大盘 年货 散户 新年 新春 新车 春节 红火 联欢晚会 股市
节目单 赚钱 金猴

输出 TF-IDF 权重
-------这里输出第 0 类文本的词语 tf-idf 权重------
 0.0 0.0 0.0 0.579725686076 0.0 0.450929562568 0.450929562568 0.0 0.0 0.0
0.507191470855 0.0 0.0 0.0 0.0

-------这里输出第 1 类文本的词语 tf-idf 权重------
 0.0 0.0 0.0 0.0 0.0 0.356735384792 0.0 0.458627428458 0.458627428458
0.401244805261 0.0 0.539503693426 0.0 0.0

-------这里输出第 2 类文本的词语 tf-idf 权重------
 0.450929562568 0.0 0.579725686076 0.0 0.507191470855 0.0 0.0 0.0 0.0 0.0
0.0 0.450929562568 0.0 0.0 0.0

-------这里输出第 3 类文本的词语 tf-idf 权重------
 0.523221265036 0.0 0.0 0.0 0.0 0.0 0.0 0.0 0.0 0.0 0.0 0.523221265036 0.0
0.672665604612 0.0

-------这里输出第 4 类文本的词语 tf-idf 权重------
 0.0 0.0 0.0 0.0 0.0 0.410305398084 0.410305398084 0.0 0.0 0.52749830162
0.0 0.0 0.0 0.0 0.620519542315

-------这里输出第 5 类文本的词语 tf-idf 权重------
 0.0     0.0     0.0     0.52749830162     0.0     0.410305398084     0.410305398084
0.620519542315 0.0 0.0 0.0 0.0 0.0 0.0 0.0

-------这里输出第 6 类文本的词语 tf-idf 权重------
 0.482964462575     0.730404446714     0.0     0.0     0.0     0.0     0.0     0.0     0.0
0.482964462575 0.0 0.0 0.0 0.0
```

-------这里输出第 7 类文本的词语 tf-idf 权重------

0.0 0.0 0.0 0.0 0.568243852685 0.0 0.0 0.0 0.0 0.0 0.0 0.505209504985 0.0 0.649509260872 0.0

-------这里输出第 8 类文本的词语 tf-idf 权重------

0.0 0.0 0.0 0.0 0.505209504985 0.0 0.0 0.649509260872 0.0 0.568243852685 0.0 0.0 0.0 0.0

-------这里输出第 9 类文本的词语 tf-idf 权重------

0.505209504985 0.0 0.649509260872 0.0 0.568243852685 0.0 0.0 0.0 0.0 0.0 0.0 0.0 0.0 0.0 0.0

>>>

### 10.4.3　输出结果分析

输入的语料如表 10-1 所示。

表 10-1　语料集

| 序号 | 内容 |
|---|---|
| 第 1 个句子 | 新春 备 年货 新年 联欢晚会 |
| 第 2 个句子 | 新春 节目单 春节 联欢晚会 红火 |
| 第 3 个句子 | 大盘 下跌 股市 散户 |
| 第 4 个句子 | 下跌 股市 赚钱 |
| 第 5 个句子 | 金猴 新春 红火 新年 |
| 第 6 个句子 | 新车 新年 年货 新春 |
| 第 7 个句子 | 股市 反弹 下跌 |
| 第 8 个句子 | 股市 散户 赚钱 |
| 第 9 个句子 | 新年 看 春节 联欢晚会 |
| 第 10 个句子 | 大盘 下跌 散户 |

其中，计算 TF-IDF 时，收集的特征词共 15 个，如下所示。

下跌 反弹 大盘 年货 散户 新年 新春 新车
春节 红火 联欢晚会 股市 节目单 赚钱 金猴

对应句子的 TF-IDF 权重如表 10-2 所示，第一行表示特征词，后面是每个句子对应特征值的 TF-IDF 值。

**表 10-2　计算的 TF-IDF 值**

| 特征词 | 第1个句子 | 第2个句子 | 第3个句子 | 第4个句子 | 第5个句子 | 第6个句子 | 第7个句子 | 第8个句子 | 第9个句子 | 第10个句子 |
|---|---|---|---|---|---|---|---|---|---|---|
| 下跌 | 0.0 | 0.0 | 0.4509 | 0.5232 | 0.0 | 0.0 | 0.4829 | 0.0 | 0.0 | 0.5052 |
| 反弹 | 0.0 | 0.0 | 0.0 | 0.0 | 0.0 | 0.0 | 0.7304 | 0.0 | 0.0 | 0.0 |
| 大盘 | 0.0 | 0.0 | 0.5797 | 0.0 | 0.0 | 0.0 | 0.0 | 0.0 | 0.0 | 0.6495 |
| 年货 | 0.5630 | 0.0 | 0.0 | 0.0 | 0.0 | 0.5274 | 0.0 | 0.0 | 0.0 | 0.0 |
| 散户 | 0.0 | 0.0 | 0.5071 | 0.0 | 0.0 | 0.0 | 0.0 | 0.5682 | 0.0 | 0.5682 |
| 新年 | 0.4619 | 0.0 | 0.0 | 0.0 | 0.4103 | 0.4103 | 0.0 | 0.0 | 0.5052 | 0.0 |
| 新春 | 0.4619 | 0.3750 | 0.0 | 0.0 | 0.4103 | 0.4103 | 0.0 | 0.0 | 0.0 | 0.0 |
| 新车 | 0.0 | 0.0 | 0.0 | 0.0 | 0.0 | 0.6205 | 0.0 | 0.0 | 0.0 | 0.0 |
| 春节 | 0.0 | 0.4570 | 0.0 | 0.0 | 0.0 | 0.0 | 0.0 | 0.0 | 0.6495 | 0.0 |
| 红火 | 0.0 | 0.4570 | 0.0 | 0.0 | 0.5274 | 0.0 | 0.0 | 0.0 | 0.0 | 0.0 |
| 联欢晚会 | 0.5061 | 0.4108 | 0.0 | 0.0 | 0.0 | 0.0 | 0.0 | 0.0 | 0.5682 | 0.0 |
| 股市 | 0.0 | 0.0 | 0.4509 | 0.5232 | 0.0 | 0.0 | 0.4829 | 0.5052 | 0.0 | 0.0 |
| 节目单 | 0.0 | 0.5222 | 0.0 | 0.0 | 0.0 | 0.0 | 0.0 | 0.0 | 0.0 | 0.0 |
| 赚钱 | 0.0 | 0.0 | 0.0 | 0.6726 | 0.0 | 0.0 | 0.0 | 0.6495 | 0.0 | 0.0 |
| 金猴 | 0.0 | 0.0 | 0.0 | 0.0 | 0.6205 | 0.0 | 0.0 | 0.0 | 0.0 | 0.0 |

注：笔者对表中数值只取 4 位有效数字

假设现在存在两个主题："新春"和"股市"，通过该 TF-IDF 值可以对各个句子进行评估，判断它属于哪个主题。后面 14.4 章节会详细介绍。其中，分类问题、主题判断、聚类问题都会使用 TF-IDF 值进行计算。其主题分布的结果应如表 10-3 所示。

**表 10-3　主题计算**

| 序号 | 内容 | 主题 |
|---|---|---|
| 第1个句子 | 新春 备 年货 新年 联欢晚会 | 新春 |
| 第2个句子 | 新春 节目单 春节 联欢晚会 红火 | 新春 |
| 第3个句子 | 大盘 下跌 股市 散户 | 股市 |
| 第4个句子 | 下跌 股市 赚钱 | 股市 |
| 第5个句子 | 金猴 新春 红火 新年 | 新春 |
| 第6个句子 | 新车 新年 年货 新春 | 新春 |
| 第7个句子 | 股市 反弹 下跌 | 股市 |
| 第8个句子 | 股市 散户 赚钱 | 新春 |
| 第9个句子 | 新年 看 春节 联欢晚会 | 新春 |
| 第10个句子 | 大盘 下跌 散户 | 股市 |

# 第三部分　基于 Python 的大数据分析

# 第 11 章　Python 大数据分析的常用库介绍

在第一部分我们介绍了基础知识，包括数据挖掘基础知识、SQL 与关系型数据库、正则表达式和基本字符串函数等，第二部分介绍了基于 Python 的大数据预处理，包括中文分词、停用词过滤、特征提取、向量空间模型、权重计算等。现在我们得到了具有权重的特征向量，接下来需要对数据进行分析。本部分主要介绍 Python 数据分析的常用方法及案例，在本章将介绍数据挖掘的基础知识、Python 数据分析常见库函数及安装过程。

## 11.1　数据挖掘概述

数据挖掘一般是指从大量的数据中通过算法搜索隐藏于其中的信息的过程。数据挖掘通常与计算机科学有关，并通过统计、在线分析处理、情报检索、机器学习等诸多方法来实现上述目标。数据挖掘可以分为有监督学习、无监督学习和半监督学习。在讲述有监督学习和无监督学习之前，我们通过数据科学家联盟所提供的五个问题来解释数据挖掘。

（1）第一个问题：什么是学习？

"学习"可以用一个成语"举一反三"来表示。以高考为例，在上考场前我们未必做过高考的题目，但在高三做过很多题目，懂得解题方法，因此在考场上也能算出答案。机器学习的思路与之类似，我们能不能利用一些训练数据（已经做过的题），使机器能够利用它们（解题方法）分析未知数据（高考题目）呢？

机器学习使用了拟人的手法，说明这门技术是让机器"学习"的技术，但是计算机是死的，怎么可能像人类一样"学习"呢？图 11-1 形象地表现了机器学习的过程，通过训练模型来预测未知的数据。

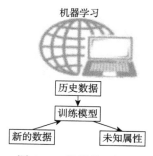

图 11-1　机器学习图示

　　机器学习方法是计算机利用已有的数据（经验），得出某种模型（迟到的规律），并利用此模型预测未来（是否迟到）的一种方法。

　　（2）第二个问题：最普遍和最简单的机器学习算法是什么呢？

　　最普遍的机器学习法是分类（classification）。输入的训练数据有特征（feature），有标签（label），学习的本质就是找到特征和标签间的关系（mapping）。这样当输入有特征而无标签的未知数据时，我们可以通过已有的关系得到未知数据的标签。

　　（3）第三个问题：上述分类中所有训练数据都有标签，如果没有该如何处理？

　　所有训练数据都有标签则为有监督学习，如果数据没有标签则是无监督学习，也就是聚类。但有监督学习并非全是分类，还有可能是回归。

　　无监督学习本身的特点使其难以得到如分类一样近乎完美的结果。这也正如我们在高中做题，答案（标签）是非常重要的，假设两个完全相同的人进入高中，一个正常学习，另一人做的所有题目都没有答案，那么想必第一个人高考会发挥更好。

　　（4）第四个问题：既然分类效果如此之好，聚类的实验结果相对不稳定，那为何我们还会选择聚类算法呢？

　　在实际应用中，标签的获取常常需要极大的人工工作量，有时甚至非常困难。例如，在自然语言处理 NLP 中，Penn Chinese Treebank（宾夕法尼亚中文树库）在两年里只完成了 4 000 句话的标签。所以聚类也是非常必要的数据分析方法。

　　（5）第五个问题：有监督学习和无监督学习就是非黑即白的关系吗？有没有灰呢？

　　灰是存在的。二者的中间带就是半监督学习。对于半监督学习，其训练数据的一部分是有标签的，另一部分没有标签，而没有标签数据的数量常常极大于有标签数据数量（这也是符合现实情况的）。

　　有监督学习算法包括线性回归、逻辑回归、神经网络、支持向量机等，无监督学习算法包括聚类算法、降维算法等。本书的数据分析主要是基于 Python 语言的，使用的库主要包括 Scikit-Learn 机器学习库。

## 11.2　开发软件安装过程

通过前面章节的学习，我们已经可以将中文文本转化为数值特征，而在数据分析过程中，Java 语言通常使用怀卡托智能分析环境（Waikato enrironment for knowledge analysis，WEKA）。WEKA 是一款基于 Java 环境开源的机器学习和数据挖掘的强大工具，提供特征分析、分类、聚类等功能，并且提供 GUI 界面和 Java 语言的 API 调用两种使用方式，对 Java 感兴趣的读者可以自行去学习。

本书主要是介绍基于 Python 的数据分析技术，它是在 Python IDLE 环境下进行的开发，主要使用的库包括 Scikit-Learn 库、LDA 库等。同时数据分析会涉及统计数学相关知识，包括向量、矩阵、绘图等，Python 主要是通过 NumPy、Scipy 和 Matplotlib 库实现的。

本节先介绍常用安装方法，后面再对各个常用库进行详细的介绍。

### 11.2.1　常用安装方法

首先介绍 Python 如何安装 Numpy、Scipy、Matlotlib、Scikit-Learn 等库的过程及遇到的问题的解决方法。在安装它们的过程中，通常会遇到如下一些常见的错误。

> ImportError：No module named sklearn　未安装 sklearn 包
>
> ImportError：DLL load failed：找不到指定的模块
>
> ImportError：DLL load failed：The specified module could not be found
>
> Microsoft Visual C++ 9.0 is required Unable to find vcvarsall.bat
> Numpy Install RuntimeError：Broken toolchain：cannot link a simple C program
>
> ImportError：numpy.core.multiarray failed to import
>
> ImportError：cannot import name __check_build
>
> ImportError：No module named matplotlib.pyplot

通常大家会使用 "pip install scikit-learn" 命令安装 Scikit-Learn 等库，但是会报这些错误，这通常是由于在安装 Python 第三方库时总会出现各种版本及环境的兼容问题，需要版本一致。这些错误会导致 Numpy、Scipy、Matlotlib、Scikit-Learn 安装失败，其中一个失败，它们之间就不能进行相互调用。所以，在安装过程中，需要注意版本一致的问题。安装步骤如下。

第一步：如果在安装过程中出现了上述错误，需要卸载已经安装的库，然后再进行重新安装。主要是针对 Numpy、Scipy、Matlotlib、Scikit-Learn 四个库。卸载代码如下。

```
pip uninstall scikit-learn
pip uninstall numpy
pip uninstall scipy
pip uninstall matplotlib
```

第二步：不使用"pip install package"或"easy_install package"安装，也不要去百度\CSDN 下载 exe 文件，而要去到官网下载相应版本。下载网址如下。

```
http://www.lfd.uci.edu/~gohlke/pythonlibs/#scipy
http://www.lfd.uci.edu/~gohlke/pythonlibs/#numpy
http://www.lfd.uci.edu/~gohlke/pythonlibs/#matplotlib
http://www.lfd.uci.edu/~gohlke/pythonlibs/#scikit-learn
```

将文件下载到本地，如图 11-2 所示。

| 名称 | 修改日期 | 类型 | 大小 |
| --- | --- | --- | --- |
| matplotlib-1.5.0-cp27-none-win_amd64.whl | 2015/12/16 23:59 | WHL 文件 | 5,981 KB |
| numpy-1.10.2-cp27-none-win_amd64.whl | 2015/12/16 23:30 | WHL 文件 | 26,997 KB |
| scikit_learn-0.17-cp27-none-win_amd64.whl | 2015/12/17 00:08 | WHL 文件 | 3,652 KB |
| scipy-0.16.1-cp27-none-win_amd64.whl | 2015/12/16 23:45 | WHL 文件 | 99,943 KB |

> numpy+scipy+matplotlib+scikit_learn

图 11-2　下载至本地库文件

安装过程中最重要的地方就是版本需要兼容。其中操作系统为 64 位，Python 为 2.7.8 64 位，下载的四个 whl 文件如下，其中 cp27 表示 CPython 2.7 版本，cp34 表示 CPython 3.4，win_arm64 指的是 64 位版本。文件名如下。

```
numpy-1.10.2-cp27-none-win_amd64.whl
scipy-0.16.1-cp27-none-win_amd64.whl
matplotlib-1.5.0-cp27-none-win_amd64.whl
scikit_learn-0.17-cp27-none-win_amd64.whl
```

注意：在配置这四个库的时候，笔者不推荐使用"pip install numpy"安装，建议下载对应的版本再进行安装。

第三步：去到 Python 安装 Scripts 目录下，再使用 "pip install xxx.whl" 安装，先安装 Numpy\Scipy\Matlotlib 包，再安装 Scikit-Learn（图 11-3）。

图 11-3　Python 环境

假设作者的 Python 安装路径为：C：\Python27\Scripts，则需要安装这四个 whl 文件，其核心代码及安装过程如下（图 11-4~图 11-8）。

```
pip install G：\numpy+scipy+matplotlib+scikit_learn\numpy-1.10.2-cp27-none-
win_amd64.whl
```

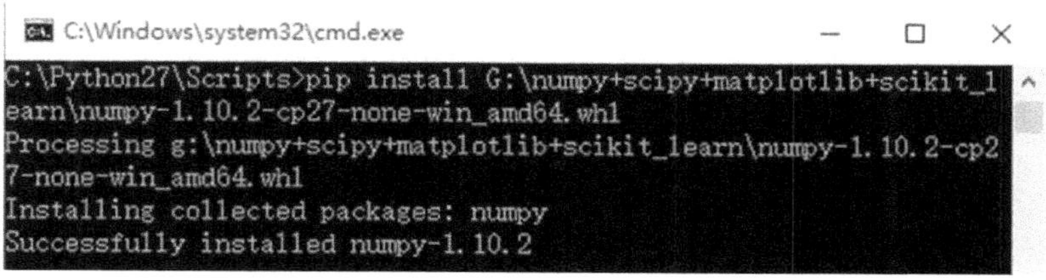

图 11-4　安装 Numpy

```
pip install G：\numpy+scipy+matplotlib+scikit_learn\matplotlib-1.5.0-cp27-none-
win_amd64.whl
```

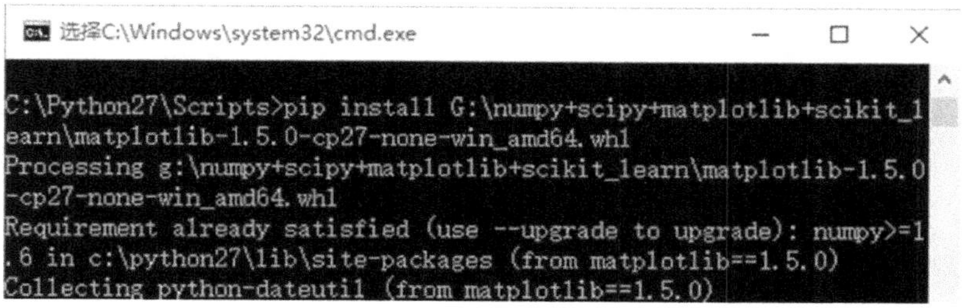

图 11-5　安装 Matplotlib

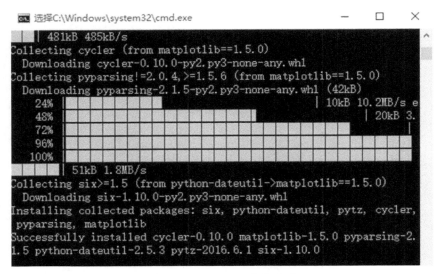

图 11-6　Matplotlib 安装成功

pip install G：\numpy+scipy+matplotlib+scikit_learn\scipy-0.16.1-cp27-none-win_amd64.whl

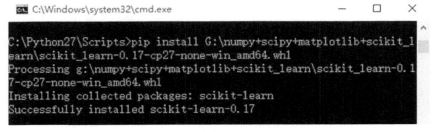

图 11-7　安装 Scipy

pip install G：\numpy+scipy+matplotlib+scikit_learn\scikit_learn-0.17-cp27-none-win_amd64.whl

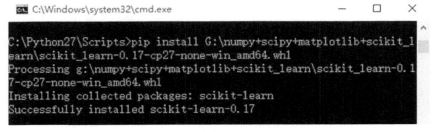

图 11-8　安装 Scikit-Learn

当提示"Successfully installed numpy-1.10.2"等字样时，表示安装成功。

第四步：安装成功后需要对其进行测试，测试代码如下。

```
import matplotlib
import numpy
import scipy
import matplotlib.pyplot as plt

plt.plot（[1，2，3]）
plt.ylabel（'some numbers'）
plt.show（）
```

运行结果如图 11-9 所示。

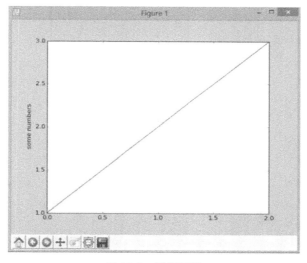

图 11-9　运行结果

可以看到，通过 Python 绘制了一条斜线，接下来将简单介绍 Numpy、Scipy、Matlotlib、Scikit-Learn 四个库。

### 11.2.2　安装 Anaconda

前面的配置过程，关键问题是 Python64 位各个库的版本需要兼容，并在 Scripts 目录下进行安装。那有没有什么套件能够直接使用呢？答案是有的，它们就是 Anaconda 或 Winpython。这里简单介绍 Anaconda 的安装过程。

Anaconda 集成了很多关于 Python 科学计算的第三方库，安装方便，如果不使用 Anaconda，那么安装起来会比较困难，各个库之间的依赖性就很难连接得很好。直接在官网 https://www.continuum.io/downloads 下载 Anaconda，如图 11-10 所示。

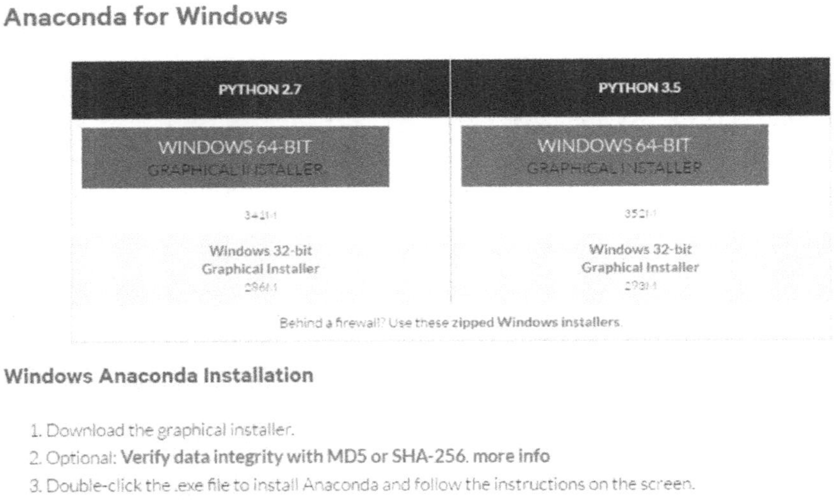

图 11-10　下载 Anaconda

下载文件后双击"安装"即可，安装后如图 11-11 所示。

图 11-11　安装 Anaconda

安装完 Anaconda，就相当于安装了 Python、IPython、集成开发环境 Spyder 等。如需使用 Spyder 集成环境，则直接点击图 11-11 的 Spyder 图标即可，Spyder 的最大优点就是模仿 Matlab 的"工作空间"。点开 Spyder 图标后，如图 11-12 所示。

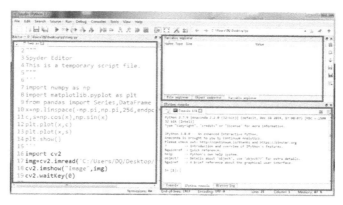

图 11-12　调用 Spyder

读者可以自己去尝试安装 Anaconda，由于喜好问题，笔者更喜欢使用 Python 的官方集成环境（integrated development environment，IDLE）进行开发，所以本书的示例和程序都是通过它完成的，其原理都是一样的。

## 11.3　Scikit-Learn 库

### 11.3.1　概述

Scikit-Learn 是一个用于数据挖掘和数据分析的简单且有效的工具，其基于 Python 的机器学习模块，基于 BSD 开源许可。图 11-13 展示了 Scikit-Learn 库的基本简介。

图 11-13　Scikit-Learn 库

Scikit-Learn 的基本功能主要分为六个部分：分类（Classification）、回归（Regression）、聚类（Clustering）、数据降维（Dimensionality reduction）、模型选择（Model selection）、数据预处理（Preprocessing）。Scikit-Learn 中的机器学习模型非常丰富，包括支持向量机、决策树、梯度提升决策树、K-近邻等，我们可以根据问题的类型选择合适的模型，具体可以参考官网文档，建议大家从官网中下载资源、模块、文档进行学习。

在从事数据科学的科研工作者中，最常用的工具就是 R 和 Python 了，每个工具都有其利弊，但是 Python 在各方面都相对胜出一些，这是因为 Scikit-Learn 库集成了很多机器学习算法。图 11-14 是官网 Scikit-Learn 包含的六个主要功能。

图 11-14　Scikit-Learn 包含的功能

### 11.3.2　加载数据集

Scikit-Learn 中自带了一些数据集，如 iris 和 digits。其中 Python 加载输入如下，调用 datasets 类中的 load_iris（）和 load_digits（）函数。

```
from sklearn import datasets
iris = datasets.load_iris（）
digits = datasets.load_digits（）
print iris
print digits
```

输出结果如图 11-15 所示。

```
>>>
{'target_names': array(['setosa', 'versicolor', 'virginica'],
      dtype='|S10'), 'data': array([[ 5.1,  3.5,  1.4,  0.2],
      [ 4.9,  3. ,  1.4,  0.2],
      [ 4.7,  3.2,  1.3,  0.2],
      [ 4.6,  3.1,  1.5,  0.2],
      [ 5. ,  3.6,  1.4,  0.2],
      [ 5.4,  3.9,  1.7,  0.4],
      [ 4.6,  3.4,  1.4,  0.3],
      [ 5. ,  3.4,  1.5,  0.2],
      [ 4.4,  2.9,  1.4,  0.2],
      [ 4.9,  3.1,  1.5,  0.1],
      [ 5.4,  3.7,  1.5,  0.2],
      [ 4.8,  3.4,  1.6,  0.2],
      [ 4.8,  3. ,  1.4,  0.1],
      [ 4.3,  3. ,  1.1,  0.1],
```

图 11-15　输出结果

iris 中文指鸢尾植物，其中存储了其萼片和花瓣的长宽，一共 4 个属性，鸢尾植物又分为三类。与之相对，iris 里有两个属性：iris.data 和 iris.target，data 里是一个矩阵，每一列代表了萼片或花瓣的长宽，一共4列，每一列代表某个被测量的鸢尾植物，一共采样了150 条记录，所以查看这个矩阵的形状 iris.data.shape，返回结果为（150L，4L）。

```
#矩阵形状
print iris.data.shape
#（150L，4L）
```

target 是一个数组，存储着 data 中每条记录属于哪一类鸢尾植物的信息，所以数组的长度是 150，数组元素的值因为共有 3 类鸢尾植物，所以不同值只有 3 个。

在 Scikit-Learn 中还有一个文本分类数据集，叫做 Twenty Newsgroups，需要下载 20news-19997.tar.gz 数据集，并解压到 scikit_learn_data 文件夹下，再通过如下代码进行载入。

```
# coding：utf-8
#载入数据集 20 news_group dataset 到 sikit_learn_data
from sklearn.datasets import fetch_20newsgroups
#all categories
#newsgroup_train = fetch_20newsgroups（subset='train'）
#part categories
categories = ['comp.graphics',
```

```
                          'comp.os.ms-windows.misc',
                          'comp.sys.ibm.pc.hardware',
                          'comp.sys.mac.hardware',
                          'comp.windows.x'];
    newsgroup_train = fetch_20newsgroups（subset = 'train', categories =
categories）;

    #输出 category names
    from pprint import pprint
    pprint（list（newsgroup_train.target_names））
    #输出长度
    print len（newsgroup_train.data）
    print len（newsgroup_train.filenames）
```

　　注意：下载的文件如果是 Windows 系统，在 "C：\Users\用户名"路径下新建文件夹 scikit_learn_data，如果是 Linux 系统，在 "用户名"的 home 目录下新建文件夹 scikit_learn_data，解压的数据集如图 11-16 所示。

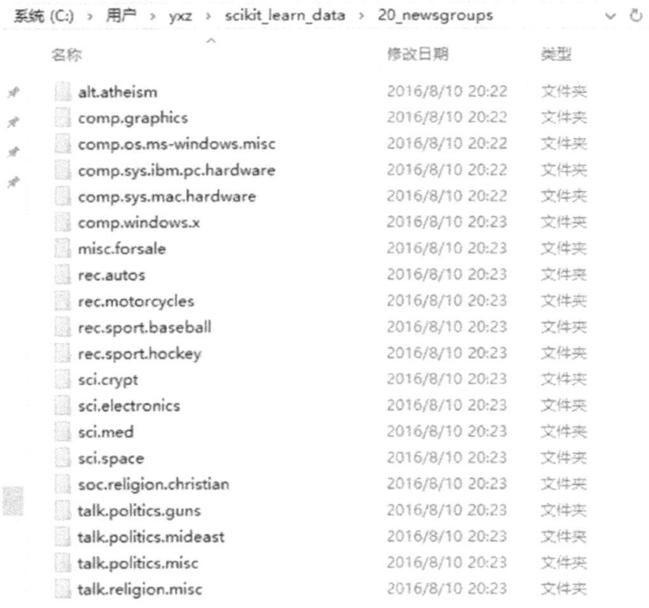

图 11-16　数据集

输出结果如图 11-17 所示。

```
>>> ============================== RESTART ==============================
>>>
['comp.graphics',
 'comp.os.ms-windows.misc',
 'comp.sys.ibm.pc.hardware',
 'comp.sys.mac.hardware',
 'comp.windows.x']
2936
2936
>>>
```

图 11-17　输出结果

这个数据里共有 2 936 条记录，每条记录都是一个文档。前面 10.3 章节详细介绍了 Scikit-Learn 计算 TF-IDF 值的过程，后面也会详细介绍基于 Scikit-Learn 的聚类和分类相关知识。同时，希望读者结合官方文档进行学习。

# 11.4　NumPy、SciPy、Matplotlib 库

NumPy、SciPy 和 Matplotlib 三个库主要用于数学计算、统计分析以及作图。本书主要是介绍数据挖掘和数据分析的相关知识，关于这三个库的科学计算数值分析的方法，建议大家阅读《Python 科学计算》一书。它详细介绍了 NumPy、SciPy、SymPy、matplotlib、Traits、OpenCV 等内容，涉及的应用领域包括数值运算、符号运算、二维图表、三维数据可视化、图像处理等。

## 11.4.1　NumPy

NumPy（Numeric Python）系统是 Python 的一种开源的数值计算扩展，是一个用 Python 实现的科学计算包。它提供了许多高级的数值编程工具，如矩阵数据类型、矢量处理，以及精密的运算库，专为进行严格的数字处理而开发。其内容包括：一个强大的 N 维数组对象 Array；比较成熟的（广播）函数库；用于整合 C/C++和 Fortran 代码的工具包；实用的线性代数、傅里叶变换和随机数生成函数。Numpy 和稀疏矩阵运算包 Scipy 配合使用更加方便。

## 11.4.2　SciPy

SciPy 是一个开源的数学、科学和工程计算包。它是一款方便、易于使用、专为科学和工程设计的 Python 工具包，包括统计、优化、整合、线性代数模块、傅里叶变换、信号和图像处理、常微分方程求解器等。

### 11.4.3　Matplotlib

Matplotlib 是一个 Python 的图形框架，类似于 MATLAB 和 R 语言。它是 Python 最著名的绘图库，它提供了一整套和 Matlab 相似的命令 API，十分适合交互式地进行制图。它还可以方便地作为绘图控件，嵌入 GUI 应用程序中。

### 11.4.4　简单示例

下面通过几个简单的代码，来了解 NumPy、SciPy 和 Matplotlib 三个库函数。第一个代码，通过 NumPy 和 Matlotlib 实现简单的桃心绘制。

```
import numpy as np
import matplotlib.pyplot as plt
X = np.arange（-5.0，5.0，0.1）
Y = np.arange（-5.0，5.0，0.1）
x，y = np.meshgrid（X，Y）
f = 17 * x ** 2 - 16 * np.abs（x）* y + 17 * y ** 2 - 225
fig = plt.figure（）
cs = plt.contour（x，y，f，0，colors = 'r'）
plt.show（）
```

运行结果如图 11-18 所示。

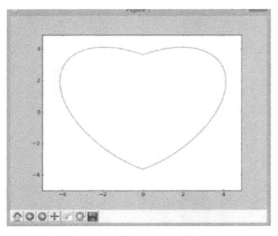

图 11-18　桃心输出结果

第二个代码，通过 Matplotlib 实现强大绘图交互功能。

```
import numpy as np
import matplotlib.pyplot as plt

N = 5
menMeans = (20, 35, 30, 35, 27)
menStd =   (2, 3, 4, 1, 2)

ind = np.arange (N)   # the x locations for the groups
width = 0.35          # the width of the bars
fig, ax = plt.subplots ()
rects1 = ax.bar (ind, menMeans, width, color='r', yerr=menStd)

womenMeans = (25, 32, 34, 20, 25)
womenStd =   (3, 5, 2, 3, 3)
rects2 = ax.bar (ind+width, womenMeans, width, color='y', yerr=womenStd)
# add some
ax.set_ylabel ('Scores')
ax.set_title ('Scores by group and gender')
ax.set_xticks (ind+width)
ax.set_xticklabels (('G1', 'G2', 'G3', 'G4', 'G5'))

ax.legend ((rects1[0], rects2[0]), ('Men', 'Women'))

def autolabel (rects):
    # attach some text labels
    for rect in rects:
        height = rect.get_height ()
        ax.text (rect.get_x () +rect.get_width () /2., 1.05*height, '%d'%int (height),
                 ha='center', va='bottom')

autolabel (rects1)
autolabel (rects2)
plt.show ()
```

　　运行结果如图 11-19 所示，图中绘制了柱状图，同时标记了不同的颜色。其中，深色表示"Men"，浅色表示"Women"。

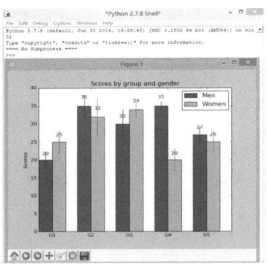

图 11-19　柱状图输出结果

　　第三个代码是输出折线图，在科学数据分析中，这些图都是可以通过 Python 的 Matplotlib 库实现的。

```
# coding=utf-8
import numpy as np
import matplotlib
import scipy
import matplotlib.pyplot as plt

#设置 legend
#国家地理  融合特征值
x1 = [10, 20, 50, 100, 150, 200, 300]
y1 = [0.615, 0.635, 0.67, 0.745, 0.87, 0.975, 0.49]
#动物
x2 = [10, 20, 50, 70, 90, 100, 120, 150]
y2 = [0.77, 0.62, 0.77, 0.86, 0.87, 0.97, 0.77, 0.47]
#人物明星
x3 = [10, 20, 50, 70, 90, 100, 120, 150]
```

```
y3 = [0.86，0.86，0.92，0.94，0.97，0.97，0.76，0.46]
#国家地理
x4 = [10，20，50，70，90，100，120，150]
y4 = [0.86，0.85，0.87，0.88，0.95，1.0，0.8，0.49]

plt.title（'Entity alignment result'）
plt.xlabel（'The number of class clusters'）
plt.ylabel（'Similar entity proportion'）
plot1，= plt.plot（x1，y1，'–p'，linewidth=2）
plot2，= plt.plot（x2，y2，'–*'，linewidth=2）
plot3，= plt.plot（x3，y3，'–h'，linewidth=2）
plot4，= plt.plot（x4，y4，'–d'，linewidth=2）

plt.xlim（0，300）
plt.ylim（0.4，1.0）
#plot 返回的不是 matplotlib 对象本身，而是一个列表，加个逗号之后就把
matplotlib 对象从列表里面提取出来
plt.legend（（plot1，plot2，plot3，plot4），（'Spot'，'Animal'，'People'，
'Country'），fontsize=10）
plt.show（）
```

输出结果如图 11-20 所示。

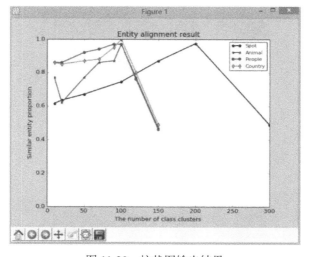

图 11-20　柱状图输出结果

后文将结合机器学习算法，讲解本节的常用库，同时还会讲解一些常用的机器学习或数据挖掘的算法库，包括 LDA 主题模型、神经网络、深度学习等，后面会介绍 LDA 主题模型和神经网络相关知识。

# 第12章 基于Python的聚类数据分析

俗话说"物以类聚",其实从广义上说,聚类就是将数据集中具有相似的数据成员聚集在一起,划分为不同的数据群体。一个聚类就是一些数据实例的集合,其中处于相同聚类中的数据元素彼此相似,处于不同聚类中的元素彼此不同。由于在聚类中那些表示数据类别的分类或分组信息是没有的,即这些数据是没有标签的,因此所有聚类通常被称为无监督学习。

本章主要介绍聚类的常用算法、Scikit-Learn 中聚类的基本用法,并通过 K-means 文本聚类算法和 Birch 层次聚类算法及 PAC 降维讲解实例。

## 12.1 聚 类 概 述

聚类根据"物以类聚"的原理,将本身没有类别的样本聚集成不同的组,这样的一组数据集合叫做簇。与分类规则不同,进行聚类前并不知道将要划分几个组和什么样的组,也不知道根据哪些空间区分规则来定义组。它的目的是使得属于同一个簇的样本之间彼此相似,而不同簇的样本之间足够不相似。

聚类分析的算法可以分为:划分法(partitioning methods)、层次法(hierarchical methods)、基于密度的方法(density-based methods)、基于网格的方法(grid-based methods)、基于模型的方法(model-based methods)。常见的聚类算法如下。

### 1. K-means

经典的 K-means 和 K-centers 都是划分法。

K-means 聚类是一种自下而上的聚类方法,它的优点是简单、速度快;缺点是聚类结果与初始中心的选择有关系,且必须提供聚类的数目。K-means 的第二个缺点是致命的,因为在有些时候,我们不知道样本集将要聚成多少个类别,这种时候 K-means 是不适合的，推荐使用 hierarchical 或 meanshift 来聚类。第一个缺点可以通过多次聚类取最佳结果来解决。

### 2. Birch

平衡迭代归约及聚类（balanced iterative reducing and clustering using hierarchies，BIRCH）算法是一种常用的层次聚类算法。该算法通过聚类特征（clustering feature，CF）和聚类特征树（clustering feature tree）两个概念描述聚类。聚类特征树用来概括聚类的有用信息，由于其占用空间小并且可以存放在内存中，故而提高了算法的聚类速度，产生了较高的聚类质量，并适用于大型数据集。Birch 聚类算法具有以下优点：处理的数据规模更大；算法效率更高；更容易计算类簇的直径和类簇之间的距离。

### 3. Affinity Propagation

近邻传播聚类算法创始人 Frey 和 Dueck（2007）在 2007 年 *Science* 杂志上面发表的 "Clustering by passing messages between data points" 论文里面的聚类方法，俗称 AP 聚类代码。AP 算法是一种基于代表点的聚类方法，它会同时考虑所有数据点都是潜在的代表点，通过结点之间的信息传递，最后得到高质量的聚类。这个信息的传递，是基于 sum-product 或者说 max-product 的更新原则，在任意一个时刻，这个信息幅度都代表着近邻的程度，也就是一个数据点选择另一个数据点作为代表点。这也是近邻传播名字的由来。

### 4. Mean Shift

Mean Shift，即均值偏移，也叫均值漂移，这个概念最早是由 Fukunaga 和 Hostetler（1975）于 1975 年在 "The estimation of the gradient of a density function，with application in pattern recognitioin" 这篇关于概率密度梯度函数的估计中提出来的，其最初含义正如其名，就是偏移的均值向量。它是一种无参估计算法，沿着概率梯度的上升方向寻找分布的峰值，如图 12-1 所示。

Mean Shift 算法一般是指一个迭代的步骤，即先算出当前点的偏移均值，移动该点到其偏移均值，然后以此为新的起始点，继续移动，直到满足一定的条件结束。基本含义：在 $d$ 维空间中，任选一个点，然后以这个点为圆心，以 $h$ 为半径作一个高维球，因为有 $d$ 维，$d$ 可能大于 2，所以是高维球。落在这个球内的所有点和圆心都会产生一个向量，向量是以圆心为起点落在球内的点位终点。然后把这些向量都相加，相加的结果就是 Meanshift 向量。

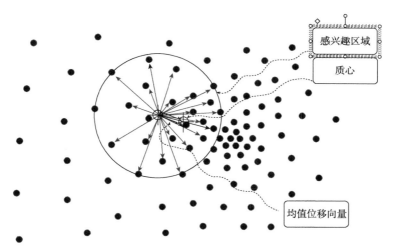

图 12-1　Mean Shift 算法

　　以 Meanshift 向量的终点为圆心再作一个高维的球，重复以上步骤，就可得到一个 Meanshift 向量。如此重复下去，Meanshift 算法可以收敛到概率密度最大的地方，也就是最稠密的地方。

### 5. DBSCAN

　　DBSCAN（density-based spatial clustering of applications with noise）是一个比较有代表性的基于密度的聚类算法。与划分和层次聚类方法不同，它将簇定义为密度相连的点的最大集合，能够把具有足够高密度的区域划分为簇，并可在噪声的空间数据库中发现任意形状的聚类。

　　DBSCAN 需要二个参数：扫描半径（eps）和最小包含点数（minPts）。任选一个未被访问（unvisited）的点开始，找出与其距离在eps之内（包括eps）的所有附近点。如果附近点的数量≥minPts，则当前点与其附近点形成一个簇，并且出发点被标记为已访问（visited）。然后递归，以相同的方法处理该簇内所有未被标记为已访问的点，从而对簇进行扩展。如果附近点的数量<minPts，则该点暂时被标记为噪声点。如果簇充分地被扩展，即簇内的所有点被标记为已访问，然后用同样的算法去处理未被访问的点。

　　该算法的优点如下。

　　（1）与 K-means 方法相比，DBSCAN 不需要事先知道要形成的簇类的数量。

　　（2）与 K-means 方法相比，DBSCAN 可以发现任意形状的簇类。

　　（3）同时，DBSCAN 能够识别出噪声点。

　　（4）DBSCAN 对于数据库中样本的顺序不敏感，Pattern 的输入顺序对结果的影响不大。

该算法的缺点如下。

（1）DBSCAN 不能很好地反映高维数据。

（2）DBSCAN 不能很好地反映数据集变化的密度。

聚类算法通常采用准确率（Precision）、召回率（Recall）和 F 值（F-score）来评价实验结果。准确率和召回率的计算公式如下所示。

$$Precision = \frac{N}{S} \times 100\%$$

$$Recall = \frac{N}{T} \times 100\%$$

其中，$N$ 表示实验结果中正确识别出的样本数；$S$ 表示实验结果中实际识别出的样本数；$T$ 表示真实存在的样本数。准确率是计算实聚类中正确识别的样本数占实验实际识别出的样本数的比例，召回率是计算正确识别的样本数占语料中所有真实存在的样本数的比例。

准确率和召回率两个评估指标在特定的情况下是相互制约的，因而很难使用单一的评价指标来衡量实验的效果。F 值是准确率和召回率的调和平均值，也称为 F-measure 或 F-score，它可作为衡量实验结果的最终评价指标，F 值更接近两个数中较小的那个。F 值的计算公式如下所示。

$$F\text{-}score = \frac{2 \times Precision \times Recall}{Precision \times Recall} \times 100\%$$

Scikit-Learn 安装过程参考第 11 章。

## 12.2　聚类算法基本用法

本节主要介绍 Scikit-Learn 中常用的聚类算法的基本用法，并举例呈现输出结果。详见官方文档：http://scikit-learn.org/stable/modules/clustering.html#clustering。

### 12.2.1　K-means

K-means 要求聚类的数目被指定，能很好地扩展到大数据样本，并且应用到不同领域的大范围领域中。

实现类是 KMeans。

KMeans 构造方法如下。

sklearn.cluster.KMeans（n_clusters=8

　　　　　　　　　, init='k-means++'

```
                    ,  n_init=10
                    ,  max_iter=300
                    ,  tol=0.0001
                    ,  precompute_distances=True
                    ,  verbose=0
                    ,  random_state=None
                    ,  copy_x=True
                    ,  n_jobs=1 )
```

参考示例如下，其中设置聚类的类簇数为 2（n_clusters=2），通过 clf.fit 装载数据。

```
from sklearn.cluster import KMeans
X = [[0]，[1]，[2]]
y = [0，1，2]
clf = KMeans（n_clusters=2）
clf.fit（X，y）
print（clf）
print（clf.labels_）
```

输出结果如图 12-2 所示，其中 clf.labels_ 表示输出 K-means 聚类后的类标。由于类簇设置为 2，故类标为 0 或 1，其中，X[0]、X[1]聚类后属于 1 类，X[2]聚类后属于 0 类。

```
>>>
KMeans(copy_x=True, init='k-means++', max_iter=300, n_clusters=2, n_init=10,
    n_jobs=1, precompute_distances='auto', random_state=None, tol=0.0001,
    verbose=0)
[1 1 0]
>>>
```

图 12-2　K-means 聚类

## 12.2.2　Mini Batch K-means

Mini Batch K-means 是 KMeans 的一种变换，目的是减少计算时间。

实现类是 MiniBatchKMeans。

MiniBatchKMeans 构造方法如下。

sklearn.cluster.MiniBatchKMeans（n_clusters=8
                    ,  init='k-means++'
                    ,  max_iter=100

　　　　　　　　　　　　　　　　　　　，batch_size=100
　　　　　　　　　　　　　　　　　　　，verbose=0
　　　　　　　　　　　　　　　　　　　，compute_labels=True
　　　　　　　　　　　　　　　　　　　，random_state=None
　　　　　　　　　　　　　　　　　　　，tol=0.0
　　　　　　　　　　　　　　　　　　　，max_no_improvement=10
　　　　　　　　　　　　　　　　　　　，init_size=None
　　　　　　　　　　　　　　　　　　　，n_init=3
　　　　　　　　　　　　　　　　　　　，reassignment_ratio=0.01）

参考示例如下。

```
from sklearn.cluster import MiniBatchKMeans
X= [[1]，[2]，[3]，[4]，[3]，[2]]
mbk = MiniBatchKMeans（init='k-means++', n_clusters=3，
batch_size=45，n_init=10，
max_no_improvement=10，verbose=0）
clf = mbk.fit（X）
print（clf）
print（clf.labels_）
```

输出结果如图 12-3 所示。

```
>>>
MiniBatchKMeans(batch_size=45, compute_labels=True, init='k-means++',
        init_size=None, max_iter=100, max_no_improvement=10, n_clusters=3,
        n_init=10, random_state=None, reassignment_ratio=0.01, tol=0.0,
        verbose=0)
[0 2 1 1 1 2]
>>>
```

图 12-3　Mini Batch K-means 聚类

　　其中，输入的 X 存在[1，2，3，4，3，2]共 6 个数，输出的类簇标号为[0，2，1，1，1，2]。通过结果分析可以发现，数据集 X 中，数字 3 和 4 聚类的类标为 1，数字 2 聚类的类标为 2，数字 0 聚类的类标为 0。

## 12.2.3　Birch

Birch 是层次聚类算法。
实现类是 Birch。
Birch 构造方法如下。

sklearn.cluster.Birch（branching_factor=50
　　　　　　　　　, compute_labels=True
　　　　　　　　　, copy=True
　　　　　　　　　, n_clusters=3
　　　　　　　　　, threshold=0.5）

参考示例如下。

```
# coding=utf-8
from sklearn.cluster import Birch
X = [[1，6]，[9，1]，[6，2]，[6，7]，[10，3]，[2，4]，[9，6]]
clf = Birch（branching_factor=50，n_clusters=3，threshold=0.5，
compute_labels=True）
y_pred = clf.fit_predict（X）
print（clf）
print（y_pred）
#获取第一列和第二列数据
L1 = [x[0] for x in X]
print L1
L2 = [x[1] for x in X]
print L2
#绘图
import numpy as np
import matplotlib.pyplot as plt
plt.scatter（L1，L2，c=y_pred，marker='x'）
plt.title（"Birch"）
plt.show（）
```

　　输出结果如图 12-4 所示，其中，X 为二维数据集；y_pred 为聚类预测的类簇标号，对应值为[1，0，0，2，0，1，2]，共聚成三类（n_clusters=3）。同时输出 X 数据集的第一列和第二列数据。

```
>>>
Birch(branching_factor=50, compute_labels=True, copy=True, n_clusters=3,
    threshold=0.5)
[1 0 0 2 0 1 2]
[1, 9, 6, 6, 10, 2, 9]
[6, 1, 2, 7, 3, 4, 6]
```

图 12-4  Birch 聚类

最后通过调用 Matplotlib 绘制聚类图形，如图 12-5 所示。从图中可以看到，X 数据集中 7 个点共聚集成三类，对应值为[1，0，0，2，0，1，2]。

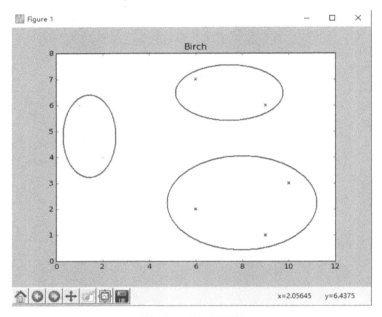

图 12-5　Birch 聚类

## 12.2.4　Affinity Propagation

Affinity Propagation 通过创建集群在成对的样本间传递消息。

实现类是 AffinityPropagation。

AffinityPropagation 构造方法如下。

sklearn.cluster.AffinityPropagation（damping=0.5
                     ，max_iter=200
                     ，convergence_iter=15
                     ，copy=True
                     ，preference=None
                     ，affinity='euclidean'
                     ，verbose=False）

参考示例如下。

```
from sklearn.cluster import AffinityPropagation
X= [[1]，[2]，[3]]
```

```
ap = AffinityPropagation（preference=-50）.fit（X）
print（ap）
print（ap.labels_）
```

输出结果如图 12-6 所示。

```
>>>
AffinityPropagation(affinity='euclidean', convergence_iter=15, copy=True,
        damping=0.5, max_iter=200, preference=-50, verbose=False)
[0 0 0]
>>>
```

图 12-6　Affinity Propagation 聚类

### 12.2.5　Mean Shift

实现类是 MeanShift。

MeanShift 构造方法如下。

sklearn.cluster.MeanShift（bandwidth=None
　　　　　　　　　，seeds=None
　　　　　　　　　，bin_seeding=False
　　　　　　　　　，min_bin_freq=1
　　　　　　　　　，cluster_all=True）

参考示例，载入 sklearn.datasets 数据集，并调用 make_blobs（）函数产生 10 000 条两维的数据集进行聚类。

```
from sklearn.cluster import MeanShift，estimate_bandwidth
from sklearn.datasets.samples_generator import make_blobs
centers = [[1，1]，[-1，-1]，[1，-1]]
X，_ = make_blobs（n_samples=10000，
                    centers=centers，cluster_std=0.6）
print（X）
bandwidth = estimate_bandwidth（X，quantile=0.2，n_samples=500）
ms = MeanShift（bandwidth=bandwidth，bin_seeding=True）
ms.fit（X）
print（ms）
print（ms.labels_[：20]）
print（ms.cluster_centers_）
```

输出结果如图 12-7 所示，其中，输出 X 数据集，ms.labels_[：20]表示前 20
个聚类类标，同时输出聚类中心。可以看到输出三个中心点，默认聚成三类，类
标为：0 类、1 类、2 类。

```
>>>
[[ 2.21707991  1.12294887]
 [-0.99292747 -1.38770114]
 [-0.51098993  0.24180569]
 ...,
 [-0.36939791 -0.24041828]
 [ 0.41334207  1.53329647]
 [-0.90528779 -1.13458325]]
MeanShift(bandwidth=1.0169373290661121, bin_seeding=True, cluster_all=True,
    min_bin_freq=1, n_jobs=1, seeds=None)
[2 1 1 2 0 1 2 1 2 1 0 1 1 2 0 1 0 2 2 1]
[[ 0.9540892  -0.90774419]
 [-0.91975522 -1.02625049]
 [ 0.9971659   0.87905393]]
>>>
```

图 12-7　Mean Shift 聚类

注意：在调用 sklearn.cluster 聚类函数中的函数或成员变量的过程中，Python
会补充相关的函数或变量供用户选择（或输入 "." 后按 Tab 键），这使得开发人
员更容易开发，如图 12-8 所示。

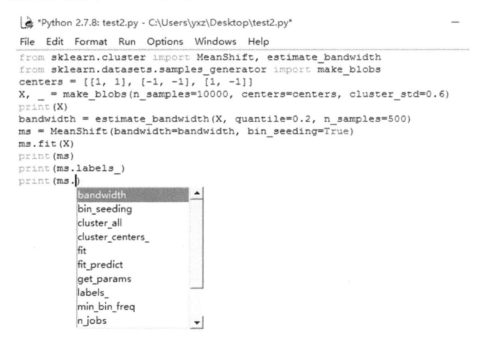

图 12-8　补充函数或成员变量

## 12.2.6　Spectral Clustering

Sperctral Clustering 称为谱聚类，它是一种基于图论的聚类方法，能够识别任意形状的样本空间且收敛于全局最优解。

实现类是 SpectralClustering。

SpectralClustering 构造方如下。

sklearn.cluster.SpectralClustering（n_clusters=8
, eigen_solver=None
, random_state=None
, n_init=10，gamma=1.0
, affinity='rbf'
, n_neighbors=10
, eigen_tol=0.0
, assign_labels='kmeans'
, degree=3
, coef0=1
, kernel_params=None）

参考示例为官网 Emmanuelle Gouillart 和 Gael Varoquaux 的例子。

```
# Authors： Emmanuelle Gouillart <emmanuelle.gouillart@normalesup.org>
#           Gael Varoquaux <gael.varoquaux@normalesup.org>
# License：BSD 3 clause


import numpy as np
import matplotlib.pyplot as plt


from sklearn.feature_extraction import image
from sklearn.cluster import spectral_clustering


##############################################################
l = 100
x，y = np.indices（（1，1））


center1 = （28，24）
center2 = （40，50）
```

```python
center3 = (67, 58)
center4 = (24, 70)
radius1, radius2, radius3, radius4 = 16, 14, 15, 14

circle1 = (x-center1[0]) ** 2 + (y-center1[1]) ** 2 < radius1 ** 2
circle2 = (x-center2[0]) ** 2 + (y-center2[1]) ** 2 < radius2 ** 2
circle3 = (x-center3[0]) ** 2 + (y-center3[1]) ** 2 < radius3 ** 2
circle4 = (x-center4[0]) ** 2 + (y-center4[1]) ** 2 < radius4 ** 2


##############################################################
# 4 circles
img = circle1 + circle2 + circle3 + circle4
mask = img.astype(bool)
img = img.astype(float)

img += 1 + 0.2 * np.random.randn(*img.shape)

# Convert the image into a graph with the value of the gradient on the
# edges.
graph = image.img_to_graph(img, mask=mask)

# Take a decreasing function of the gradient: we take it weakly
# dependent from the gradient the segmentation is close to a voronoi
graph.data = np.exp(-graph.data / graph.data.std())

# Force the solver to be arpack, since amg is numerically
# unstable on this example
labels = spectral_clustering(graph, n_clusters=4, eigen_solver='arpack')
label_im =-np.ones(mask.shape)
label_im[mask] = labels

plt.matshow(img)
plt.matshow(label_im)
plt.show()
```

输出结果如图 12-9 所示，输出 4 个圆形的图像聚类图。

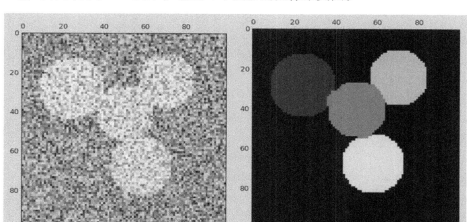

图 12-9　Spectral Clustering 聚类

### 12.2.7　DBSCAN

DBSCAN 是一个比较有代表性的基于密度的聚类算法。它将簇定义为密度相连的点的最大集合，能够把具有足够高密度的区域划分为簇，并可在噪声的空间数据库中发现任意形状的聚类。

实现类是 DBSCAN。

DBSCAN 构造方法如下。

sklearn.cluster. DBSCAN（algorithm='auto'

　　　　　　　　　　, eps=0.3

　　　　　　　　　　, leaf_size=30

　　　　　　　　　　, metric='euclidean'

　　　　　　　　　　, min_samples=10

　　　　　　　　　　, p=None

　　　　　　　　　　, random_state=None）

参考示例为官网的例子，通过 make_blobs 载入 sklearn.datasets 数据集 750 行，并设置初始中心点为 centers，调用 DBSCAN（）函数进行聚类。

```
import numpy as np
from sklearn.cluster import DBSCAN
from sklearn import metrics
```

```
from sklearn.datasets.samples_generator import make_blobs
from sklearn.preprocessing import StandardScaler

###############################################################
# Generate sample data
centers = [[1, 1], [-1, -1], [1, -1]]
X, labels_true = make_blobs (n_samples=750, centers=centers,
cluster_std=0.4,
                                   random_state=0)
X = StandardScaler ().fit_transform (X)
###############################################################
# Compute DBSCAN
db = DBSCAN (eps=0.3, min_samples=10).fit (X)
print db
core_samples_mask = np.zeros_like (db.labels_, dtype=bool)
core_samples_mask[db.core_sample_indices_] = True
labels = db.labels_

# Number of clusters in labels, ignoring noise if present.
n_clusters_ = len (set (labels)) - (1 if -1 in labels else 0)

print ('Estimated number of clusters: %d' % n_clusters_)
print ("Homogeneity: %0.3f" % metrics.homogeneity_score (labels_true,
labels))
print ("Completeness: %0.3f" % metrics.completeness_score (labels_true,
labels))
print ("V-measure: %0.3f" % metrics.v_measure_score (labels_true,
labels))
print ("Adjusted Rand Index: %0.3f"
        % metrics.adjusted_rand_score (labels_true, labels))
print ("Adjusted Mutual Information: %0.3f"
        % metrics.adjusted_mutual_info_score (labels_true, labels))
print ("Silhouette Coefficient: %0.3f"
        % metrics.silhouette_score (X, labels))
###############################################################
```

```
# Plot result
import matplotlib.pyplot as plt

# Black removed and is used for noise instead.
unique_labels = set（labels）
colors = plt.cm.Spectral（np.linspace（0，1，len（unique_labels）））
for k，col in zip（unique_labels，colors）：
    if k ==-1：
        # Black used for noise.
        col = 'k'
    class_member_mask = （labels == k）
    xy = X[class_member_mask & core_samples_mask]
    plt.plot（xy[：，0]，xy[：，1]，'o'，markerfacecolor=col,
            markeredgecolor='k'，markersize=14）

    xy = X[class_member_mask & ~core_samples_mask]
    plt.plot（xy[：，0]，xy[：，1]，'o'，markerfacecolor=col,
            markeredgecolor='k'，markersize=6）
plt.title（'Estimated number of clusters：%d' % n_clusters_）
plt.show（）
```

输出结果如下所示，共聚集成 3 类数据，同时输出了聚类算法的各项性能评估结果，如 Homogeneity（一致性）、Completeness（完整性）等。关于聚类的性能评估，大家可以参考官网。

```
>>>
DBSCAN（algorithm='auto'，eps=0.3，leaf_size=30，metric='euclidean',
    min_samples=10，p=None，random_state=None）
Estimated number of clusters：3
Homogeneity：0.953
Completeness：0.883
V-measure：0.917
Adjusted Rand Index：0.952
Adjusted Mutual Information：0.883
Silhouette Coefficient：0.626
>>>
```

同时，通过 matplotlib.pyplot 输出对应的聚类图像，如图 12-10 所示。

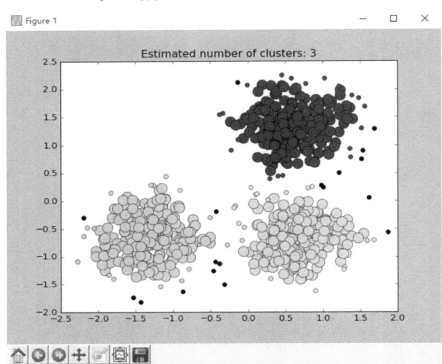

图 12-10　DBSCAN 聚类

## 12.3　案例分析：基于 Birch 层次聚类算法及 PAC 降维显示聚类图像

本节主要讲述以下几点。

（1）通过 Python、Selenium 爬取百度百科和互动百科旅游景点信息。

（2）调用 Jieba 工具对文本进行分词，并将其合并到一个 txt 语料集。

（3）通过 Scikit-Learn 计算文本内容的 TF-IDF 并构造 $N×M$ 矩阵（$N$ 个文档，$M$ 个特征词）。

（4）调用 Scikit-Learn 中的 K-means 进行文本聚类。

（5）使用 PAC 进行降维处理，将每行文本表示成二维数据。

（6）最后调用 Matplotlib 显示聚类效果图。

### 12.3.1　爬虫实现

爬虫主要通过Python、Selenium、Phantomjs实现，主要爬取百度百科和互动百科旅游景点信息，其中实现原理如下。

（1）在 Tourist_spots_5A_BD.txt 中定义需要爬取的"国家 5A 级景区"旅游景点名称。

（2）从 Tourist_spots_5A_BD.txt 中读取景点信息，然后通过调用无界面浏览器 PhantomJS 或 Firefox 浏览器访问百度百科链接"http://baike.baidu.com/"，通过 Selenium 获取输入对话框 ID，输入关键词，如"故宫"，并访问该百科页面。

最后通过分析DOM树结构获取摘要的ID并获取相关信息。核心代码如下。

```
driver.find_elements_by_xpath（"//div[@class='lemma-summary']/div"）
```

爬虫的主要代码如下。它是通过读取 txt 信息，获取旅游景点名称，并调用本地 G 盘的 Phantomjs 无界面浏览器获取摘要的 DOM 树结构，然后写入文件，详见笔者的另一本书《基于 Python 的 Web 大数据爬取实战指南》。

```
# coding=utf-8
import time
import re
import os
import sys
import codecs
import shutil
from selenium import webdriver
from selenium.webdriver.common.keys import Keys
import selenium.webdriver.support.ui as ui
from selenium.webdriver.common.action_chains import ActionChains

#Open PhantomJS
driver = webdriver.PhantomJS（executable_path="G：\phantomjs-1.9.1-windows\phantomjs.exe"）
#driver = webdriver.Firefox（）
wait = ui.WebDriverWait（driver，10）
```

```
#Get the Content of 5A tourist spots
def getInfobox（entityName，fileName）：
    try：
        #create paths and txt files
        print u'文件名称：'，fileName
        info = codecs.open（fileName，'w'，'utf-8'）
        #locate input   notice：1.visit url by unicode 2.write files
        print u'实体名称：'，entityName.rstrip（'\n'）
        driver.get（"http://baike.baidu.com/"）
        elem_inp = driver.find_element_by_xpath（"//form[@id='searchForm']/
input"）
        elem_inp.send_keys（entityName）
        elem_inp.send_keys（Keys.RETURN）
        info.write（entityName.rstrip（'\n'）+'\r\n'）  #codecs 不支持'\n'换行
        time.sleep（2）
        #load content  摘要
        elem_value = driver.find_elements_by_xpath（"//div[@class='lemma-
summary']/div"）
        for value in elem_value：
            print value.text
            info.writelines（value.text + '\r\n'）
        time.sleep（2）
    except Exception，e：    #'utf8' codec can't decode byte
        print "Error："，e
    finally：
        print '\n'
        info.close（）


    #Main function
def main（）：
    #By function get information
    path = "BaiduSpider\\"
    if os.path.isdir（path）：
        shutil.rmtree（path，True）
```

```
        os.makedirs（path）
        source = open（"Tourist_spots_5A_BD.txt"，'r'）
        num = 1
        for entityName in source：
            entityName = unicode（entityName，"utf-8"）
            if u'故宫' in entityName：    #else add a '?'
                entityName = u'北京故宫'
            name = "%04d" % num
            fileName = path + str（name）+ ".txt"
            getInfobox（entityName，fileName）
            num = num + 1
        print 'End Read Files！'
        source.close（）
        driver.close（）
    if __name__ == '__main__'：
        main（）
```

运行结果如图 12-11 所示，输出结果形如 "0001.txt"，每个 txt 对应景点的摘要信息。

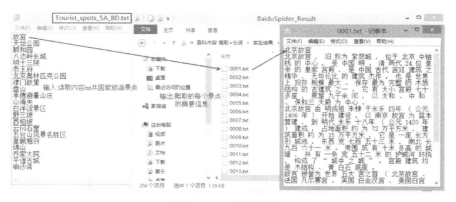

图 12-11　爬取结果

## 12.3.2　中文分词

中文分词主要使用 Python 和 Jieba 分词工具，同时导入自定义词典 dict_baidu.txt。导入的词典主要是一些专业景点名词，如 "乾清宫" 分词 "乾/清宫"，如果词典中存在专有名词 "乾清宫"，就会先查找词典而不进行中文分词。

详细代码如下。

```
#encoding=utf-8
import sys
import re
import codecs
import os
import shutil
import jieba
import jieba.analyse

#导入自定义词典
jieba.load_userdict（"dict_baidu.txt"）

#Read file and cut
def read_file_cut（）：
    #create path
    path = "BaiduSpider\\"
    respath = "BaiduSpider_Result\\"
    if os.path.isdir（respath）：
        shutil.rmtree（respath，True）
    os.makedirs（respath）

    num = 1
    while num<=204：
        name = "%04d" % num
        fileName = path + str（name）+ ".txt"
        resName = respath + str（name）+ ".txt"
        source = open（fileName，'r'）
        if os.path.exists（resName）：
            os.remove（resName）
        result = codecs.open（resName，'w'，'utf-8'）
        line = source.readline（）
        line = line.rstrip（'\n'）
```

```
        while line! ="":
            line = unicode ( line, "utf-8" )
            seglist = jieba.cut ( line, cut_all=False )   #精确模式
            output = ' '.join ( list ( seglist ) )              #空格拼接
            print output
            result.write ( output + '\r\n' )
            line = source.readline ( )
        else:
            print 'End file: ' + str ( num )
            source.close ( )
            result.close ( )
        num = num + 1
    else:
        print 'End All'


#Run function
if __name__ == '__main__':
    read_file_cut ( )
```

　　按照 Jieba 精确模式分词且进行空格拼接，其中"0003.txt"的分词结果如图 12-12 所示，同时可以做一些停用词过滤、标点符号过滤等操作，本章的文本聚类就直接使用该分词的结果进行操作。

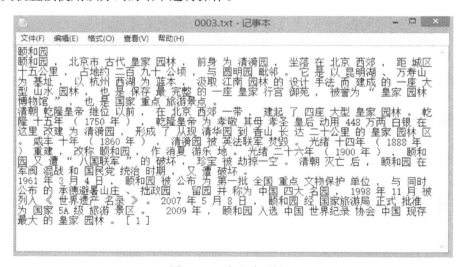

图 12-12　中文分词结果

为方便后面的计算或对接一些 Scikit-Learn 或 Word2vec 等工具，下面这段代码是将中文分词后各个景区的摘要信息存储至同一个 txt 中，其中每行表示一个景点的分词结果。详细代码如下所示。

```python
# coding=utf-8
import re
import os
import sys
import codecs
import shutil

def merge_file（）：
    path = "BaiduSpider_Result\\"
    resName = "BaiduSpider_Result.txt"
    if os.path.exists（resName）：
        os.remove（resName）
    result = codecs.open（resName，'w'，'utf-8'）

    num = 1
    while num <= 204：
        name = "%04d" % num
        fileName = path + str（name）+ ".txt"
        source = open（fileName，'r'）
        line = source.readline（）
        line = line.strip（'\n'）
        line = line.strip（'\r'）
        while line！ =""：
            line = unicode（line，"utf-8"）
            line = line.replace（'\n'，' '）
            line = line.replace（'\r'，' '）
            result.write（line+' '）
            line = source.readline（）
        else：
            print 'End file：' + str（num）
            result.write（'\r\n'）
```

```
            source.close（）
        num = num + 1
    else：

        print 'End All'
        result.close（）


if __name__ == '__main__'：
    merge_file（）
```

每行一个景点的分词结果，运行结果如图 12-13 所示。

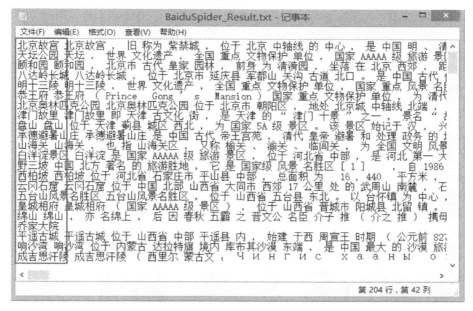

图 12-13　分词语料合并结果

### 12.3.3　读取文本语料

读取本地的 01_All_BHSpider_Content_Result.txt 文件，里面包括 1 000 行数据，其中 001~400 为景区、401~600 为动物、601~800 为人物明星、801~1 000 为国家地理（百度百科摘要信息）。

该内容可以自定义爬虫进行爬取，同时分词采用 Jieba 进行，具体方法可以参考第 7 章和第 12 章。中文分词后的景区和人物明星部分数据集的显示结果如图 12-14 和图 12-15 所示。

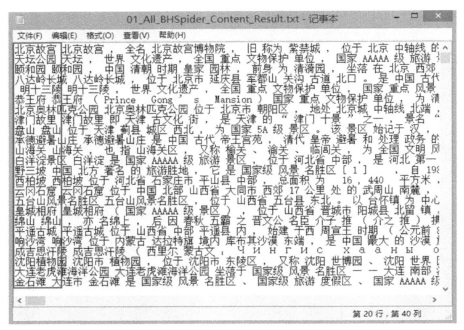

图 12-14　数据集-景区

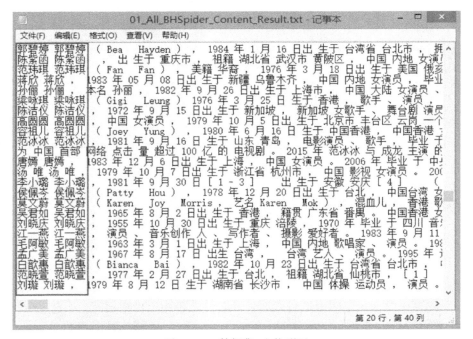

图 12-15　数据集-人物明星

## 12.3.4　Birch 聚类源代码

代码如下，详见注释和后面的介绍。

```
# coding=utf-8
"""
Created on 2016-01-16 @author：YXZ
输入：打开 All_BHSpider_Result.txt 对应 1 000 个文本
    001~400 5A 景区  401~600 动物 601~800 人物明星 801~1 000 国家地理
输出：BHTfidf_Result.txt tfidf 值 聚类图形 1 000 个类标
参数：weight 权重 这是一个重要参数
"""
import time
import re
import os
import sys
import codecs
import shutil
import numpy as np
import matplotlib
import scipy
import matplotlib.pyplot as plt
from sklearn import feature_extraction
from sklearn.feature_extraction.text import TfidfTransformer
from sklearn.feature_extraction.text import CountVectorizer
from sklearn.feature_extraction.text import HashingVectorizer


if __name__ == "__main__":


    ############################################
    #              第一步　计算 TF-IDF


    #文档预料 空格连接
    corpus = []
    #读取预料 一行预料为一个文档
```

```
    for line in open（'01_All_BHSpider_Content_Result.txt', 'r'）.readlines
（）：
        #print line
        corpus.append（line.strip（））
    #print corpus

    #将文本词语转换为词频矩阵 矩阵元素 a[i][j] 表示 j 词在 i 类文本下
的词频
    vectorizer = CountVectorizer（）
    #该类会统计每个词语的 tf-idf 权值
    transformer = TfidfTransformer（）
    #第一个 fit_transform 是计算 tf-idf 第二个是将文本转为词频矩阵
    tfidf = transformer.fit_transform（vectorizer.fit_transform（corpus））
    #获取词袋模型中的所有词语
    word = vectorizer.get_feature_names（）
    #将 tf-idf 矩阵抽取出来，元素 w[i][j]表示 j 词在 i 类文本中的 tf-idf 权重
    weight = tfidf.toarray（）

    #打印特征向量文本内容
    print 'Features length：' + str（len（word））
    resName = "BHTfidf_Result.txt"
    result = codecs.open（resName, 'w', 'utf-8'）
    for j in range（len（word））：
        result.write（word[j] +' '）
    result.write（'\r\n\r\n'）

    #打印每类文本的 tf-idf 词语权重，第一个 for 遍历所有文本，第二个
for 遍历某一类文本下的词语权重
    for i in range（len（weight））：
        #print u"-------这里输出第", i, u"类文本的词语 tf-idf 权重------"
        for j in range（len（word））：
            #print weight[i][j],
            result.write（str（weight[i][j]）+' '）
        result.write（'\r\n\r\n'）
    result.close（）
```

```
###########################################
#                    第二步    聚类 K-means

print 'Start Kmeans：'
from sklearn.cluster import KMeans
clf = KMeans（n_clusters=4）    #景区  动物  人物明星  国家地理
s = clf.fit（weight）
print s
#中心点
print（clf.cluster_centers_）

#每个样本所属的簇
label = []                      #存储 1 000 个类标  4 个类
print（clf.labels_）
i = 1
while i <= len（clf.labels_）：
    print i，clf.labels_[i-1]
    label.append（clf.labels_[i-1]）
    i = i + 1

#用来评估簇的个数是否合适，距离越小说明簇分得越好，选取临界
点的簇个数  958.137281791
print（clf.inertia_）


###########################################
#                    第三步    图形输出 降维

from sklearn.decomposition import PCA
pca = PCA（n_components=2）                  #输出两维
newData = pca.fit_transform（weight）    #载入 N 维
print newData

#5A 景区
x1 = []
```

```
y1 = []
i=0
while i<400：
    x1.append（newData[i][0]）
    y1.append（newData[i][1]）
    i += 1

#动物
x2 = []
y2 = []
i = 400
while i<600：
    x2.append（newData[i][0]）
    y2.append（newData[i][1]）
    i += 1

#人物明星
x3 = []
y3 = []
i = 600
while i<800：
    x3.append（newData[i][0]）
    y3.append（newData[i][1]）
    i += 1

#国家地理
x4 = []
y4 = []
i = 800
while i<1000：
    x4.append（newData[i][0]）
    y4.append（newData[i][1]）
    i += 1

#四种颜色 红 绿 蓝 黑
```

```
plt.plot（x1, y1, 'or'）
plt.plot（x2, y2, 'og'）
plt.plot（x3, y3, 'ob'）
plt.plot（x4, y4, 'ok'）
plt.show（）
```

### 12.3.5　输出结果

该代码主要采用 K-means 中设置类簇数为 4，分别表示景区、动物、人物明星和国家地理。代码运行结果如图 12-16 所示，包括 17 900 维 tfidf 特征向量。

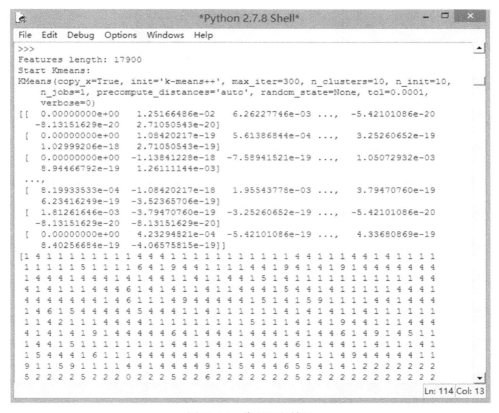

图 12-16　代码运行结果

聚类输出结果如图 12-17 所示，将景区、动物、人物明星和国家地理划分四个类簇，其中左边部分为人物明星主题，右上角部分为动物主题，右下角部分为景区主题，右边中间部分颜色较深的为国家地理主题。由于数据集比较小，文本

聚类效果还是很明显的，而 LDA 算法是计算每个主题分布的算法，建议读者去
学习。

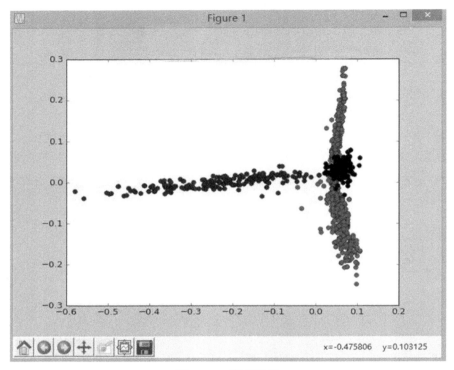

图 12-17　聚类结果

### 12.3.6　性能评估

本实验采用基于关系对数的准确率、召回率和 F 值来评价对齐的结果，公式
如下。

$$\text{Precision} = \frac{N}{S} \times 100\%$$

$$\text{Recall} = \frac{N}{T} \times 100\%$$

$$F\text{-score} = \frac{2 \times \text{Precision} \times \text{Recall}}{\text{Precision} \times \text{Recall}} \times 100\%$$

由于 "clf.labels_" 会返回聚类每个样本所属的簇，如 1 000 行数据，就会返
回 1 000 个 label 值。同时，clf = KMeans（n_clusters=4）设置了类簇为 4，故每个
值对应在 0、1、2、3 中的一个，统计结果如表 12-1 所示。

表 12-1　文本聚类结果

| 文本类别 | Label0 数目 | Label1 数目 | Label2 数目 | Label3 数目 |
|---|---|---|---|---|
| 景区 | 400 | 0 | 0 | 0 |
| 动物 | 4 | 2 | 194 | 0 |
| 人物明星 | 15 | 0 | 0 | 185 |
| 国家地理 | 2 | 198 | 0 | 0 |

其中，以国家地理为例，label1 数目为 198，同时识别出的个体数=198（国家地理）+2（动物）=200，故：准确率=198/200=0.990。

其中，动物里面有两个聚类到了国家地理中。而对于召回率，我们以人物明星为例，因为知道测试集中 601~800 这 200 个数据对应人物明星，故测试集中存在个体数为 200，而正确识别数目为 185 个，故：召回率=185/200=0.925。

最后计算 F 值即可。同时可以计算宏平均聚类准确率（Macro-Prec）和宏平均召回率（Macro-Rec）。

# 第13章　基于 Python 的分类算法分析

　　分类是数据挖掘、机器学习和模式识别中一个重要的研究领域。分类属于有监督学习或归纳学习，该算法类似于人类学习的方式，人类可以从过去的经验中获取知识以用于提高解决当前问题的能力，分类问题通过学习模型来预测未知的类属性。本章主要讲述分类的常见算法，通过对当前数据挖掘中具有代表性的优秀分类算法进行分析和比较，总结出各种算法的特性，为使用者选择算法或为研究者改进算法提供了依据。同时，本章讲述 Python 中 Scikit-Learn 调用分类算法的方法，并通过一个示例讲解基于新闻数据的分类预测。

## 13.1　分　类　概　述

　　监督学习是指利用已知类别的样本进行训练，从而调整分类器的参数，再对未知数据进行预测。监督学习包括分类和回归，本章主要介绍分类问题。

　　在监督式学习下，输入数据被称为"训练数据"，每组训练数据有一个明确的标识或结果，如防垃圾邮件系统中的"垃圾邮件""非垃圾邮件"，手写数字识别中的"1""2""3""4"等。在建立预测模型的时候，有监督学习建立一个学习过程，将预测结果与"训练数据"的实际结果进行比较，不断调整预测模型，直到模型的预测结果达到一个预期的准确率。图13-1表示有监督学习的学习过程，步骤如下。

　　（1）训练数据集存在一个类标记号，判断它是正向数据集（起积极作用）还是负向数据集（起抑制作用）。

　　（2）然后需要对数据集进行学习训练，并构建一个训练的模型。

　　（3）通过该模型对预测数据集进行预测，并计算其结果的性能。

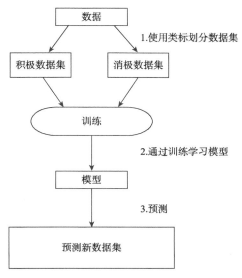

图 13-1　有监督学习的学习过程

　　训练过程中会存在一些学习算法，同样调整模型的参数，图 13-2 也是学习的过程。

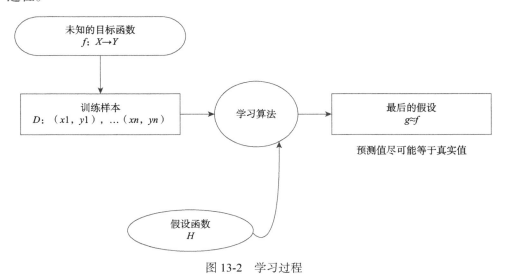

图 13-2　学习过程

　　有监督学习的常见应用场景包括分类问题和回归问题。解决分类问题的方法很多，单一的分类方法主要包括决策树、贝叶斯、人工神经网络、K-近邻、支持向量机分类等；另外还有用于组合单一分类方法的集成学习算法，如 Bagging 和 Boosting 等。

### 13.1.1 回归算法

分类问题与回归问题是有监督学习问题，区别在于学习函数的预测输出是类别还是值。但是分类基本上都是用"回归模型"解决的，只是假设的模型不同（损失函数不一样），因为不能把分类标签当成回归问题的输出来解决。我们通过下面两个例子简单讲解两者的区别。

（1）输出变量的类型不同。定量输出称为回归，或者说是连续变量预测；定性输出称为分类，或者说是离散变量预测。例如，预测明天的气温是多少度，这是一个回归任务；预测明天是阴、晴还是雨，就是一个分类任务。

（2）假设分类问题和回归问题都要根据训练样本找到一个实值函数 $g(x)$。回归问题的要求是：给定一个新的模式，根据训练集推断它所对应的输出 $y$（实数）是多少，也就是使用 $y = g(x)$ 来推断任一输入 $x$ 所对应的输出值。分类问题的要求是：给定一个新的模式，根据训练集推断它所对应的类别（如+1，−1），也就是使用 $y = \text{sign}\left[g(x)\right]$ 来推断任一输入 $x$ 所对应的类别。回归问题和分类问题的本质一样，不同仅在于它们的输出的取值范围不同。分类问题中，输出只允许取两个值；而在回归问题中，输出可取任意实数。图 13-3 通过线性回归拟合一条直线来预测散点趋势。

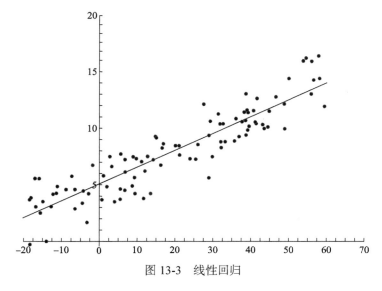

图 13-3　线性回归

回归算法是试图采用对误差的衡量来探索变量之间的关系的一类算法。回归算法是统计机器学习的利器。在机器学习领域，人们说起回归，有时候是指一类问题，有时候是指一类算法，这一点常常会使初学者困惑。常见的回归算法包括最小二乘法（ordinary least square）、逻辑回归（logistic regression）、逐步式回归（stepwise regression）、多元自适应回归样条（multivariate adaptive regression splines）以及本地散点平滑估计（locally estimated scatterplot smoothing）。

　　逻辑回归是一种与线性回归非常类似的算法，但是，从本质上讲，线型回归处理的问题类型与逻辑回归不一致。线性回归处理的是数值问题，也就是最后预测出的结果是数字，如房价。而逻辑回归属于分类算法，也就是说，逻辑回归预测结果是离散的分类，如判断某封邮件是否是垃圾邮件、用户是否会点击此广告等。

　　至于实现方面，逻辑回归只是对线性回归的计算结果加上了一个 Sigmoid 函数，将数值结果转化为了 0 到 1 之间的概率（Sigmoid 函数的图像一般来说并不直观，只需要理解对数值越大，函数越逼近 1，数值越小，函数越逼近 0），接着我们根据这个概率可以做预测，如概率大于 0.5，则这封邮件就是垃圾邮件，或者肿瘤是恶性的。从直观上来说，逻辑回归是画出了一条分类线，见图 13-4。

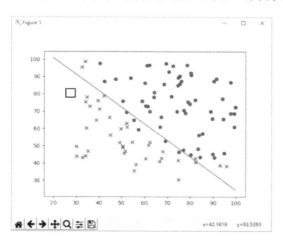

图 13-4　回归算法

　　假设我们有一组肿瘤患者的数据，这些患者的肿瘤中有些是良性的（图中的圆形散点），有些是恶性的（图中的叉形散点）。这里肿瘤的形状被称作数据的"标签"。同时每个数据包括两个"特征"：患者的年龄与肿瘤的大小。我们将这两个特征与标签映射到这个二维空间上，形成了图 13-4 中的数据。

　　当有一个方块数据点时，该判断这个肿瘤是恶性的还是良性的呢？根据圆形和叉形散点我们训练出了一个逻辑回归模型，也就是图中的分类线。这时，根据方块出现在分类线的左侧，我们判断它的标签应该是叉形散点，属于恶性肿瘤。

　　逻辑回归算法划出的分类线基本都是线性的（也有划出非线性分类线的逻辑回归，不过那样的模型在处理数据量较大的时候效率会很低），这意味着当两类之间的界线不是线性时，逻辑回归的表达能力就不足。下面的两个算法是机器学习界最强大且重要的算法，都可以拟合出非线性的分类线。

### 13.1.2 决策树

决策树是用于分类和预测的主要技术之一，决策树学习是以实例为基础的归纳学习算法，它着眼于从一组无次序、无规则的实例中推理出以决策树表示的分类规则。构造决策树的目的是找出属性和类别间的关系，用它来预测将来未知类别的记录的类别。它采用自顶端向下的递归方式，在决策树的内部节点进行属性的比较，并根据不同属性值判断从该节点向下的分支，在决策树的叶节点得到结论。

决策树算法根据数据的属性采用树状结构建立决策模型，决策树模型常常用来解决分类和回归问题。常见的算法包括分类及回归树（Classification And Regression Tree，CART）、ID3（Iterative Dichotomiser 3）、C4.5、卡方自动交互检测法（Chi-squared Automatic Interaction Detection，CHAID）、Decision Stump、随机森林（Random Forest）、多元自适应回归样条以及梯度推进机（Gradient Boosting Machine，GBM）。它们在选择测试属性采用的技术、生成的决策树的结构、剪枝的方法以及时刻、能否处理大数据集等方面都有各自的优缺点。

图 13-5 是一个决策树的例子。

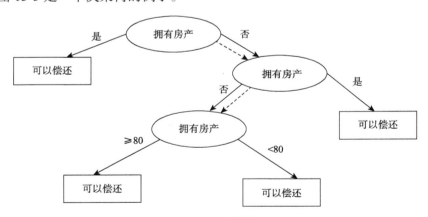

图 13-5　决策树

例如，一个新来的用户，无房产、单身、年收入 55K，那么根据上面的决策树，可以预测他无法偿还债务（虚线路径）。从上面的决策树还可以知道是否拥有房产可以在很大程度上决定用户是否可以偿还债务，对借贷业务具有指导意义。

### 13.1.3　支持向量机

支持向量机是 Vapnik 根据统计学习理论提出的一种新的学习方法，它的最大特点是根据结构风险最小化准则，以最大化分类间隔构造最优分类超平面来提高学习机的泛化能力，较好地解决了非线性、高维数、局部极小点等问题。对于分类问题，支持向量机算法根据区域中的样本计算该区域的决策曲面，由此确定该区域中未知样本的类别。

支持向量机算法从某种意义上来说是逻辑回归算法的强化：通过给予逻辑回归算法更严格的优化条件，支持向量机算法可以获得比逻辑回归更好的分类界线。但是如果没有某类函数技术，支持向量机算法最多算是一种更好的线性分类技术，如图 13-6 所示。

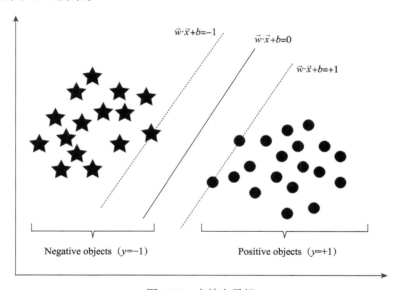

图 13-6　支持向量机

支持向量机是一种数学成分很浓的机器学习算法。在算法的核心步骤中，有一步证明，即将数据从低维映射到高维不会带来最后计算复杂性的提升。于是，通过支持向量机算法，既可以保持计算效率，又可以获得非常好的分类效果。因此，支持向量机在 20 世纪 90 年代后期一直占据着机器学习中最核心的地位，基本取代了神经网络算法。直到现在，神经网络借着深度学习重新兴起，两者之间才又发生了微妙的平衡转变。

### 13.1.4　贝叶斯算法

贝叶斯算法是基于贝叶斯定理的一类算法（图 13-7），主要用来解决分类和回归问题。常见算法包括朴素贝叶斯算法、平均单依赖估计（averaged one-dependence estimators，AODE）以及贝叶斯信念网络（Bayesian belief network，BBN）。

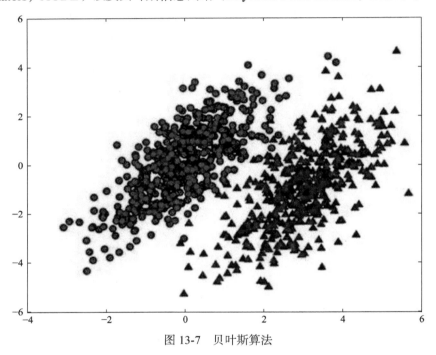

图 13-7　贝叶斯算法

贝叶斯分类算法是一类利用概率统计知识进行分类的算法，如朴素贝叶斯算法。这些算法主要利用贝叶斯定理来预测一个未知类别的样本属于各个类别的可能性，选择其中可能性最大的一个类别作为该样本的最终类别。由于贝叶斯定理的成立本身需要一个很强的条件独立性假设前提，而此假设在实际情况中经常是不成立的，因而其分类准确性就会下降。为此就出现了许多降低独立性假设的贝叶斯分类算法，如树形朴素贝叶斯算法，它是在贝叶斯网络结构的基础上增加属性对之间的关联来实现的。

### 13.1.5　K-近邻

K-近邻（K-nearest neighbors，KNN）算法是一种基于实例的分类方法。该方法就是找出与未知样本 $x$ 距离最近的 $k$ 个训练样本，看这 $k$ 个样本中多数属于哪一类，就把 $x$ 归为那一类。KNN 算法是一种懒惰学习方法，它存放样本，直到需要分类时才进行分类，如果样本集比较复杂，可能会导致很大的计算开销，因此无法应用到实时性很强的场合中。

算法步骤如下。

（1）依公式计算 Item 与 $D_1$、$D_2$、$\cdots$、$D_j$ 的相似度。得到 Sim（Item，$D_1$）、Sim（Item，$D_2$）、$\cdots$、Sim（Item，$D_j$）。

（2）将 Sim（Item，$D_1$）、Sim（Item，$D_2$）、$\cdots$、Sim（Item，$D_j$）排序，若是超过相似度阈值 $t$，则将其放入邻居案例集合 NN。

（3）从邻居案例集合 NN 中取出前 $k$ 名，再划分前 $k$ 名数据所属类别，通过投票再决定某个类别最多的 Item。最终得到 Item 的可能类别。

参数 $k$ 的选取：如何选择一个最佳的 $k$ 值取决于数据。一般情况下，在分类时较大的 $k$ 值能够减小噪声的影响，但会使类别之间的界限变得模糊，如图 13-8 所示。

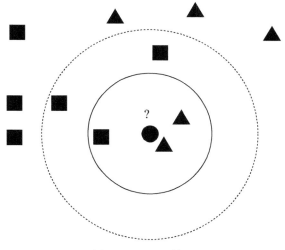

图 13-8　KNN 算法

待测样本（圆形）既可能分到三角形类，也可能分到正方形类。如果 $k$ 取 3，从图 13-8 可见，待测样本的 3 个邻居在实线的内圆里，按多数投票结果，它属于三角形类，票数 1∶2。但是如果 $k$ 取 5，那么待测样本的最邻近的 5 个样本在虚线的圆里，按表决法，它又属于正方形类，票数 2（三角形）∶3（正方形）。

### 13.1.6　集成学习

集成学习：实际应用的复杂性和数据的多样性往往使得单一的分类方法不够

有效。因此，学者们对多种分类方法的融合即集成学习进行了广泛的研究。集成学习已成为国际机器学习界的研究热点，并成为当前机器学习四个主要研究方向之一。

集成学习是一种机器学习范式，它试图通过连续调用单个的学习算法，获得不同的基学习器，然后根据规则组合这些学习器来解决同一个问题，这可以显著提高学习系统的泛化能力。组合多个基学习器主要采用（加权）投票的方法，常见的算法有装袋（Bagging）、推进（Boosting）等。

集成算法用一些相对较弱的学习模型独立地就同样的样本进行训练，然后把结果整合起来进行整体预测。集成算法的主要难点在于究竟集成哪些独立的较弱的学习模型以及如何把学习结果整合起来。这是一类非常强大的算法，同时也非常流行。常见的算法包括推进算法（Boosting）、自动聚合算法（Bootstrapped Aggregation，Bagging）、弱分类器算法（AdaBoost）、堆叠泛化（Stacked Generalization）、梯度推进机（Gradient Boosting Machine，GBM）、随机森林（Random Forest）。

### 13.1.7　性能评估

分类算法也常采用准确率、召回率和 F 值来评价对齐的结果。计算公式如下所示，详见 12.1 章节。

$$\text{Precision} = \frac{N}{S} \times 100\%$$

$$\text{Recall} = \frac{N}{T} \times 100\%$$

$$\text{F-score} = \frac{2 \times \text{Precision} \times \text{Recall}}{\text{Precision} + \text{Recall}} \times 100\%$$

# 13.2　Python 分类算法基本用法

## 13.2.1　回归算法

1. Ridge 回归

有偏估计的，回归系数更符合实际、更可靠，对病态数据的拟合要强于最小二乘法，数学公式为

$$\min_{w}\left\|X_w-y\right\|_2^2+\alpha\left\|w\right\|_2^2$$

当 $\alpha\geq0$ 时，$\alpha$ 越大，$w$ 值越趋于一致。改良的最小二乘法，增加系数的平方和项和调整参数的积是由 sklearn.linear_model 模块中的 Ridge 类实现的。

Ridge 回归用于解决两类问题：一是样本少于变量个数；二是变量间存在共线性。

Ridge 的构造方法如下。

```
    sklearn.linear_model.Ridge（alpha=1.0                    #公式中的值，默
认为 1.0
                , fit_intercept=True
                , normalize=False
                , copy_X=True
                , max_iter=None          #共轭梯度求解器的最大迭代次数
                , tol=0.001              #默认值 0.001
                , solver='auto'）        #
```

Ridge 回归复杂性同最小二乘法。代码使用如下所示。

```
from sklearn import linear_model
X= [[0，0]，[1，1]，[2，2]]
y = [0，1，2]
clf = linear_model.Ridge（alpha = 0.1）
clf.fit（X，y）
print clf.coef_
print clf.intercept_
print clf.predict（[[3，3]]）
print clf.decision_function（X）
print clf.score（X，y）
print clf.get_params（）
print clf.set_params（fit_intercept = False）
```

2. Lasso

Lasso 的数学公式为

$$\min_{w}\frac{1}{2n_{\text{samples}}}\left\|X_w-y\right\|_2^2+\alpha\left\|w\right\|_1$$

估计稀疏系数的线性模型适用于参数少的情况，因其产生稀疏矩阵，可用特征提取的类是 Lasso，此类用于监督分类，可较好地解决回归分析中的多重共线性问题。

思想：在回归系数的绝对值之和小于一个常数的约束条件下，使残差平方和最小化。

使用：clf = linear_model.Lasso（alpha = 0.1）

设置调整参数（$\alpha$）：alpha 参数控制估计的系数的稀疏程度。

交叉验证：LassoCV（适用于高维数据集）或 LassoLarsCV（适合于样本数据比观察数据小很多的数据集）。

基于模式选择的信息标准：LassoLarsIC（BIC/AIC）

### 3. 贝叶斯回归

贝叶斯回归（Bayes Regression）用于估计概率回归问题，含正规化参数，该参数可以手动设置。

优点：①适用于手边数据；②可用于在估计过程中包含正规化参数。

缺点：耗时。

### 4. 贝叶斯岭回归

贝叶斯岭回归（Bayes Ridge Regression）用于估计回归问题的概率模型。

用法：clf = linear_model.BayesRidge（）。

其中默认值：$\alpha_1 = \alpha_2 = \lambda_1 = \lambda_2 = 1.e^{-6}$。

自相关性确定（Automatic Relevance Determination，ARD）：类似于 Bayes Ridge Regression，但可产生稀疏的 $w$ 值。

用法：clf = ARDRegression（compute_score=True）

### 5. 逻辑回归

可以做概率预测，也可用于分类，但仅能用于线性问题。

计算真实值与预测值的概率，然后变换成损失函数，求出损失函数的最小值来计算模型参数，从而得出模型，方法如下。

```
clf_l1_LR = LogisticRegression（C=C，penalty='l1'，tol=0.01）
clf_l2_LR = LogisticRegression（C=C，penalty='l2'，tol=0.01）
clf_l1_LR.fit（X，y）
clf_l2_LR.fit（X，y）
```

### 13.2.2　支持向量机

支持向量机拟合出来的模型为一个超平面，解决与样本维数无关的分类问题，适合做文本分类，解决小样本、非线性、高维；常用于分类、回归、孤立点检测等有监督学习问题。

优点：①有效的高维空间；②维数大于样本数的时候仍然有效；③在决策函数中使用训练函数的子集；④通用（支持不同的内核函数：线性、多项式、sigmoid 函数等）。

缺点：①不适用于特征数远大于样本数的情况；②不直接提供概率估计。

支持向量机接受稠密和稀疏的输入。

（1）分类。

由 SVC、NuSVC 或 LinearSVC 实现，可进行多类分类。其中：①LinearSVC 只支持线性分类；②SVC 和 NuSVC 实现一对一，LinearSVC 实现一对多。

```
clf = svm.SVC（）
lin_clf = svm.LinearSVC（）
```

SVC、NuSVC 和 LinearSVC 均无 support_、support_vectors_ 和 n_support_ 属性。

（2）回归。

支持向量分类的方法也支持向量回归，有 SVR 和 NuSVR，方法流程同分类一样，不同之处是回归的 y 对应值为浮点数，而分类 y 对应的是整数类标。

```
clf = svm.SVR（）
```

### 13.2.3　随机梯度下降

随机梯度下降应用于大量稀疏的机器学习问题，输入数据为稀疏矩阵。其常用于文本分类和自然语言处理，是处理大样本数据的非常有效的方法。

优点：①高效；②易于实施。

缺点：①需要一些调整参数；②对尺度特征敏感。

分类使用 SGDClassifier 实现，拟合参数为 X[n_samples，n_features] 和 y[N_samples]。可以实现多类分类，此时是通过多个 binary 分类实现，实现方式是 one-vs-all（OVA），每一个 binary 分类把其中一个分离出来，剩下的作为另一种分类情况。测试的时候计算每一个分类器的得分并选择得分最高的。回归使用 SGDRegressor 实现。

### 13.2.4　最近邻

无监督的最近邻是其他学习方法的基础，监督的近邻学习分为分类（数据有离散标记）和回归（数据有连续标记）。

最近邻分类：计算待分类样本与训练样本中各个类的距离，求出距离最小的。K 最近邻是求出 $k$ 个最小的，然后计算分别属于某一类的个数，选个数最大的类，若所属类别相同，则选择跟训练集中较近的序列。近邻分类：解决离散数据；近邻回归：解决连续数据。

1. 无监督的最近邻

由 NearestNeighbors 实现，在 sklearn.neighbors 中，有三种算法：ball_tree（BallTree）、kd_tree（KDTree）、brute（brute-force），而 auto 参数为默认的 ball_tree 算法。

```
from sklearn.neighbors import NearestNeighbors
sklearn.neighbors.NearestNeighbors（n_neighbors=5          #邻居数，默认为 5
        , radius=1.0            #参数空间范围，默认值为 1.0
        , algorithm='auto'      #用于计算最近邻的算法（ball_tree、
kd_tree、brute、auto）
        , leaf_size=30          #传递给 BallTree 或 KDTree 叶大小
        , metric='minkowski'
        , p=2
        , metric_params=None
        , **kwargs）
```

使用方法如下。

```
nbrs = NearestNeighbors（n_neighbors=2, algorithm='ball_tree'）.fit（X）
distances, indices = nbrs.kneighbors（X）
```

这里介绍一下 KDTree 类，使用方法如下。

```
X = np.array（[[-1, -1], [-2, -1], [-3, -2], [1, 1], [2, 1], [3, 2]]）
kdt = KDTree（X, leaf_size=30, metric='euclidean'）
kdt.query（X, k=2, return_distance=False）
```

BallTree 用法与 KDTree 的用法相同。

2. 最近邻分类

最近邻分类是基于实例的非泛化学习，有两种不同的最近邻分类：
①KNeighborsClassifier；②RadiusNeighborsClassifier（非均匀采样时比较合适）。

KNeighborsClassifier：实现 $k$ 近邻，$k$ 是一个用户输入的整数，$k$ 高度依赖于数据。

函数原型如下所示。

```
sklearn.neighbors.KNeighborsClassifier（n_neighbors=5    #邻居数，默认为 5
        , weights='uniform'              #用于预测的权重方法
        , algorithm='auto'               #用于计算最近邻的算法（ball_tree、
kd_tree、brute、auto）
        , leaf_size=30                   #传递给 BallTree 或 KDTree 叶大小
        , p=2
        , metric='minkowski'             #用于树的度量距离
        , metric_params=None             #度量参数
        , **kwargs）
```

使用方法如下。

```
from sklearn.neighbors import KNeighborsClassifier
neigh = KNeighborsClassifier（n_neighbors=3）
neigh.fit（X，y）
```

RadiusNeighborsClassifier：实现基于给定的半径 $r$ 内的邻居数。用于不是均匀采样的数据，不适合高维参数空间的数据。

```
sklearn.neighbors.RadiusNeighborsClassifier（radius=1.0
        , weights='uniform'              #参数空间范围
        , algorithm='auto'               #用于计算最近邻的算法（ball_tree、
kd_tree、brute、auto）
        , leaf_size=30                   #传递给 BallTree 或 KDTree 叶大小
        , p=2
        , metric='minkowski'             #用于树的度量距离
        , outlier_label=None             #离散群体的标签
        , metric_params=None             #度量参数
```

```
, **kwargs）
```

使用方法如下。

```
from sklearn.neighbors import RadiusNeighborsClassifier
neigh = RadiusNeighborsClassifier（radius=1.0）
neigh.fit（X，y）
```

### 3. 近邻回归

近邻回归用于标记数据是连续的情况，有两种不同的最近邻分类：①KNeighborsRegressor；②RadiusNeighborsRegressor。

KNeighborsRegressor：实现 $k$ 近邻，$k$ 是一个用户输入的整数。

函数原型如下。

```
sklearn.neighbors.KNeighborsRegressor（n_neighbors=5        #邻居数，默认为 5
        , weights='uniform'              #用于预测的权重方法
        , algorithm='auto'               #用于计算最近邻的算法（ball_tree、
kd_tree、brute、auto）
        , leaf_size=30                   #传递给 BallTree 或 KDTree 叶大小
        , p=2                            #
        , metric='minkowski'             #用于树的度量距离
        , metric_params=None             #度量参数
        , **kwargs）
```

使用方法如下。

```
from sklearn.neighbors import KNeighborsRegressor
neigh = KNeighborsRegressor（n_neighbors=3）
neigh.fit（X，y）
```

RadiusNeighborsRegressor：实现基于给定的半径 $r$ 内的邻居数。

函数原型如下。

```
sklearn.neighbors.RadiusNeighborsRegressor（radius=1.0
        , weights='uniform'              #参数空间范围
        , algorithm='auto'               #用于计算最近邻的算法（ball_tree、
kd_tree、brute、auto）
        , leaf_size=30                   #传递给 BallTree 或 KDTree 叶大小
```

```
          , p=2
          , metric='minkowski'        #用于树的度量距离
          , outlier_label=None        #离散群体的标签
          , metric_params=None        #度量参数
          , **kwargs）
```

使用方法如下。

```
from sklearn.neighbors import RadiusNeighborsRegressor
neigh = RadiusNeighborsRegressor（radius=1.0）
neigh.fit（X, y）
```

## 13.2.5　高斯过程

高斯过程（Gaussian Processes）是一种有监督学习方法，主要用于解决回归问题，已经扩展到概率分类，但目前的研究只是一个回归练习的后处理。

优点：①预测插值观测；②预测是概率的，可以预测经验置信空间，改变预测值；③通用。

缺点：①非离散；②高维空间效率低；③分类仅仅是一个后处理。

实现类是 GaussianProcess。

构造方法如下。

```
   sklearn.gaussian_process.GaussianProcess（regr='constant'        #回归函
数返回信息
          , corr='squared_exponential'        #自相关信息
          , beta0=None                        #回归权重向量
          , storage_mode='full'
          , verbose=False
          , theta0=0.1
          , thetaL=None
          , thetaU=None
          , optimizer='fmin_cobyla'
          , random_start=1
          , normalize=True
          , nugget=2.2204460492503131e-15
          , random_state=None）
```

使用方法如下。

```
import numpy as np
from sklearn.gaussian_process import GaussianProcess
X = np.array（[[1., 3., 5., 6., 7., 8.]]）.T
y = （X * np.sin（X））.ravel（）
gp = GaussianProcess（theta0=0.1, thetaL=.001, thetaU=1.）
gp.fit（X, y）
```

### 13.2.6　朴素贝叶斯

朴素贝叶斯（Naive Bayes）是有监督学习的一种方法，它假设每对特征之间都是独立的贝叶斯理论，朴素贝叶斯方法是基于贝叶斯理论并假设每个特征都是独立的。应用于文档分类和垃圾邮件过滤。其优点是需要训练数据比较少，朴素贝叶斯通过计算属于每个类的概率并取概率最大的类作为预测类，它是一个不错的分类器，但不适用于估值。

1. 高斯贝叶斯

高斯贝叶斯（Gaussian Naive Bayes）算法实现分类所对应的类是 GaussianNB。
构造方法：sklearn.naive_bayes.GaussianNB
GaussianNB 类构造方法无参数，属性值有：
（1）class_prior_　　　　#每一个类的概率
（2）theta_　　　　　　#每个类中各个特征的平均
（3）sigma_　　　　　　#每个类中各个特征的方差
示例如下。

```
import numpy as np
X = np.array（[[-1, -1], [-2, -1], [-3, -2], [1, 1], [2, 1], [3, 2]]）
Y = np.array（[1, 1, 1, 2, 2, 2]）
from sklearn.naive_bayes import GaussianNB
clf = GaussianNB（）
clf.fit（X, Y）
```

GaussianNB 类无 score 方法。

## 2. 多项朴素贝叶斯

多项朴素贝叶斯（Multinomial Naive Bayes）用于文本分类，处理多项离散数据集的朴素贝叶斯算法，实现类是 Multinomial NB。

构造方法如下。

```
sklearn.naive_bayes.MultinomialNB（alpha=1.0        #平滑参数
                              , fit_prior=True        #学习类的先验概率
                              , class_prior=None）     #类的先验概率
```

示例如下。

```
import numpy as np
X = np.random.randint（5, size=（6, 100））
y = np.array（[1, 2, 3, 4, 5, 6]）
from sklearn.naive_bayes import MultinomialNB
clf = MultinomialNB（）
clf.fit（X, y）
```

## 3. 伯努利朴素贝叶斯

伯努利朴素贝叶斯（Bernoulli Naive Bayes）用于处理根据多项伯努利离散的训练和分类数据算法，实现类是 BernoulliNB。

构造方法如下。

```
sklearn.naive_bayes.BernoulliNB（al          #平滑参数
              , binarize=0.0                  #样本特征阈值二值比
              , fit_prior=True                #学习类的先验概率
              , class_prior=None）             #类的先验概率
```

示例如下。:

```
import numpy as np
X = np.random.randint（2, size=（6, 100））
Y = np.array（[1, 2, 3, 4, 4, 5]）
from sklearn.naive_bayes import BernoulliNB
clf = BernoulliNB（）
clf.fit（X, Y）
```

### 13.2.7　决策树

决策树，英文为 Decision Trees，是一个无参数的分类和回归的有监督学习方法，其目标是创建一个模型，用于预测目标变量，决策树算法通过学习从数据特征中推断出简单规则。

优点：①易于理解；②只需要很少的准备数据；③复杂度是数据点数的对数；④能够同时处理数值和分类数据；⑤能够处理多输出问题；⑥采用白盒模型；⑦使用统计测试可以验证模型；⑧即使假设有点错误也可以表现得很好。

缺点：①可以创建复杂树但不能很好地推广；②不稳定；③是 NP 问题；④概念知识较难理解；⑤如果一些类占主导地位，创建的树就会有偏差。

1. 分类

实现类是 DecisionTreeClassifier，能够执行数据集的多类分类。

输入参数为两个数组：X[n_samples，n_features]和 y[n_samples]，X 为训练数据，Y 为训练数据的标记数据。

DecisionTreeClassifier 构造方法如下。

```
sklearn.tree.DecisionTreeClassifier ( criterion='gini'
                    , splitter='best'
                    , max_depth=None
                    , min_samples_split=2
                    , min_samples_leaf=1
                    , max_features=None
                    , random_state=None
                    , min_density=None
                    , compute_importances=None
                    , max_leaf_nodes=None )
```

DecisionTreeClassifier 示例如下。

```
from sklearn import tree
X = [[0，0]，[1，1]]
Y = [0，1]
clf = tree.DecisionTreeClassifier ( )
```

```
clf = clf.fit（X，Y）
```

## 2. 回归

实现类是 DecisionTreeRegressor，输入为 X，y 同上，y 为浮点数。
DecisionTreeRegressor 构造方法如下。

```
sklearn.tree.DecisionTreeRegressor（criterion='mse'
                        ，splitter='best'
                        ，max_depth=None
                        ，min_samples_split=2
                        ，min_samples_leaf=1
                        ，max_features=None
            ，random_state=None
            ，min_density=None
            ，compute_importances=None
            ，max_leaf_nodes=None）
```

DecisionTreeRegressor 示例如下。

```
from sklearn import tree
X = [[0，0]，[2，2]]
y = [0.5，2.5]
clf = tree.DecisionTreeRegressor（）
clf = clf.fit（X，y）
clf.predict（[[1，1]]）
```

### 13.2.8 集成方法

集成方法或组合方法的目标是结合几种单一的估计方法进行预测值以提高通
用和健壮性。

两种方式：①多种组合方法单独进行估计，平均其得分；②多种组合方法逐
一估计。

## 1. Bagging meta-estimator（词袋元估计器）

实现类有 BaggingClassifier（用于分类）和 BaggingRegressor（用于回归）。
BaggingClassifier 构造方法如下。

```
sklearn.ensemble.BaggingClassifier（base_estimator=None
                              , n_estimators=10
                              , max_samples=1.0
                              , max_features=1.0
                              , bootstrap=True
                              , bootstrap_features=False
                              , oob_score=False
                              , n_jobs=1
                              , random_state=None，verbose=0）
```

BaggingClassifier 示例如下。

```
from sklearn.ensemble import BaggingClassifier
from sklearn.neighbors import KNeighborsClassifier
bagging = BaggingClassifier（KNeighborsClassifier（），max_samples=0.5,
max_features=0.5）
```

BaggingRegressor 构造方法如下。

```
sklearn.ensemble.BaggingRegressor（base_estimator=None
                              , n_estimators=10
                              , max_samples=1.0
                              , max_features=1.0
                              , bootstrap=True
                              , bootstrap_features=False
                              , oob_score=False
                              , n_jobs=1
                              , random_state=None
                              , verbose=0）
```

2. Random Forests（随机森林）

实现类是 RandomForestClassifier（用于分类）和 RandomForestRegressor（用于回归）。

RandomForestClassifier 构造方法如下。

```
sklearn.ensemble.RandomForestClassifier（n_estimators=10
                                 , criterion='gini'
```

```
                                    , max_depth=None
                                    , min_samples_split=2
                                    , min_samples_leaf=1
                                    , max_features='auto'
                                    , max_leaf_nodes=None
                                    , bootstrap=True
                                    , oob_score=False
                                    , n_jobs=1
                                    , random_state=None
                                    , verbose=0
                                    , min_density=None
                                    , compute_importances=None）
```

RandomForestClassifier 示例如下。

```
from sklearn.ensemble import RandomForestClassifier
X = [[0，0]，[1，1]]
Y = [0，1]
clf = RandomForestClassifier（n_estimators=10）
clf = clf.fit（X，Y）
```

RandomForestRegressor 构造方法如下。

```
sklearn.ensemble.RandomForestRegressor（n_estimators=10
                                    , criterion='mse'
                                    , max_depth=None
                                    , min_samples_split=2
                                    , min_samples_leaf=1
                                    , max_features='auto'
                                    , max_leaf_nodes=None
                                    , bootstrap=True
                                    , oob_score=False
                                    , n_jobs=1
                                    , random_state=None
                                    , verbose=0
                                    , min_density=None
```

```
                                          , compute_importances=None）
```

3. AdaBoost

实现类是 AdaBoostClassifier（用于分类）和 AdaBoostRegressor（用于回归）。AdaBoostClassifier 构造方法如下。

```
sklearn.ensemble.AdaBoostClassifier（base_estimator=None
                                    , n_estimators=50
                                    , learning_rate=1.0
                                    , algorithm='SAMME.R'
                                    , random_state=None）
```

AdaBoostClassifier 示例如下。

```
from sklearn.cross_validation import cross_val_score
from sklearn.datasets import load_iris
from sklearn.ensemble import AdaBoostClassifier
iris = load_iris（）
clf = AdaBoostClassifier（n_estimators=100）
scores = cross_val_score（clf, iris.data, iris.target）
scores.mean（）
```

AdaBoostRegressor 构造方法如下。

```
sklearn.ensemble.AdaBoostRegressor（base_estimator=None
                                   , n_estimators=50
                                   , learning_rate=1.0
                                   , loss='linear'
                                   , random_state=None）
```

4. Gradient Tree Boosting（梯度提升书）

实现类是 GradientBoostingClassifier（用于分类）和 GradientBoostingRegressor（用于回归）。

GradientBoostingClassifier 构造方法如下。

```
sklearn.ensemble.GradientBoostingClassifier（loss='deviance'
                                            , learning_rate=0.1
```

```
                                   , n_estimators=100
                                   , subsample=1.0
                                   , min_samples_split=2
                                   , min_samples_leaf=1
                                   , max_depth=3，init=None
                                   , random_state=None
                                   , max_features=None
                                   , verbose=0
                                   , max_leaf_nodes=None
                                   , warm_start=False）
```

GradientBoostingClassifier 示例如下。

```
from sklearn.datasets import make_hastie_10_2
from sklearn.ensemble import GradientBoostingClassifier
    X，y = make_hastie_10_2（random_state=0）
X_train，X_test = X[：2000]，X[2000：]
y_train，y_test = y[：2000]，y[2000：]
    clf =GradientBoostingClassifier（n_estimators=100，learning_rate=1.0，
max_depth=1，random_state=0）.fit（X_train，y_train）
    clf.score（X_test，y_test）
```

# 13.3　案例分析：基于新闻数据分类算法的示例

　　若要了解基于 Python 的 Scikit-Learn 分类算法的案例，笔者建议读者学习官网基本的分类使用算法。官方网址：http://scikit-learn.org/stable/supervised_learning.html#supervised-learning。

　　本节的案例结合 Rachel-Zhang 的博客进行讲解，推荐读者学习她的文章，网址：http://blog.csdn.net/abcjennifer/article/details/23615947。

## 13.3.1　加载数据

　　这里使用的数据集是 20newsgroups 官网的数据集，它包含三个数据集，如图 13-9 所示。

qwone.com/~jason/20Newsgroups/

20 Newsgroups

The 20 Newsgroups data set

The 20 Newsgroups data set is a collection of approximately 20,000 newsgroup documents, partitioned (nearly) evenly across 20 different newsgroups. To the best of my knowledge, it was originally collected by Ken Lang, probably for his *Newsweeder: Learning to filter netnews* paper, though he does not explicitly mention this collection. The 20 newsgroups collection has become a popular data set for experiments in text applications of machine learning techniques, such as text classification and text clustering.

Organization

The data is organized into 20 different newsgroups, each corresponding to a different topic. Some of the newsgroups are very closely related to each other (e.g. **comp.sys.ibm.pc.hardware / comp.sys.mac.hardware**), while others are highly unrelated (e.g **misc.forsale / soc.religion.christian**). Here is a list of the 20 newsgroups, partitioned (more or less) according to subject matter:

| | | |
|---|---|---|
| comp.graphics<br>comp.os.ms-windows.misc<br>comp.sys.ibm.pc.hardware<br>comp.sys.mac.hardware<br>comp.windows.x | rec.autos<br>rec.motorcycles<br>rec.sport.baseball<br>rec.sport.hockey | sci.crypt<br>sci.electronics<br>sci.med<br>sci.space |
| misc.forsale | talk.politics.misc<br>talk.politics.guns<br>talk.politics.mideast | talk.religion.misc<br>alt.atheism<br>soc.religion.christian |

Data

The data available here are in .tar.gz bundles. You will need tar and gunzip to open them. Each subdirectory in the bundle represents a newsgroup; each file in a subdirectory is the text of some newsgroup document that was posted to that newsgroup.

Below are three versions of the data set. The first ("19997") is the original, unmodified version. The second ("bydate") is sorted by date into training(60%) and test(40%) sets, does not include cross-posts (duplicates) and does not include newsgroup-identifying headers (Xref, Newsgroups, Path, Followup-To, Date). The third ("18828") does not include cross-posts and includes only the "From" and "Subject" headers.

- 20news-19997.tar.gz - Original 20 Newsgroups data set
- 20news-bydate.tar.gz - 20 Newsgroups sorted by date; duplicates and some headers removed (18846 documents)
- 20news-18828.tar.gz - 20 Newsgroups, duplicates removed, only "From" and "Subject" headers (18828 documents)

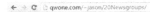

图 13-9　数据集

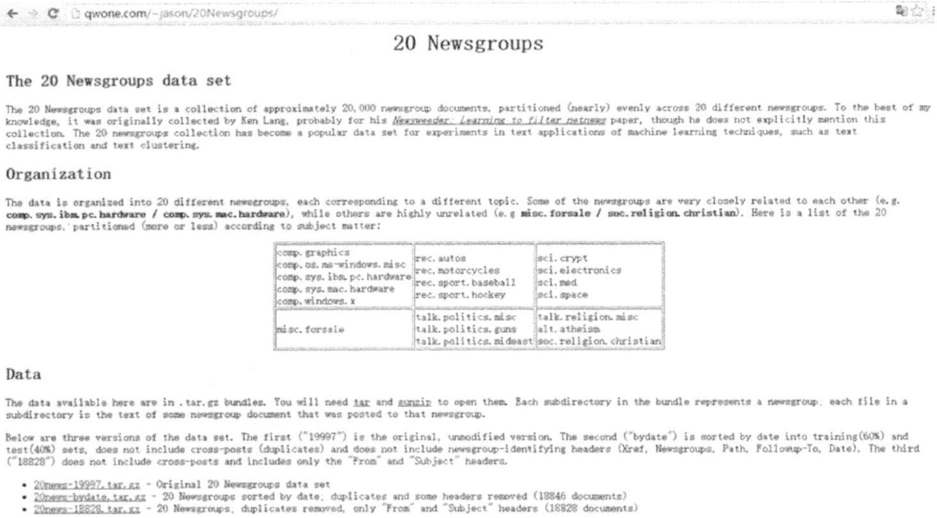

数据集网址:http://qwone.com/~jason/20Newsgroups/。

Twenty Newsgroups 数据集是 Scikit-Learn 中一个用于文本分类的数据集，需要下载 20news-19997.tar.gz 数据集，并解压到 scikit_learn_data 文件夹下，再通过如下代码进行载入。下载网址：http://qwone.com/~jason/20Newsgroups/20news-19997.tar.gz。

```
    # coding：utf-8
    #载入数据集 20 news_group dataset 到 sikit_learn_data
    from sklearn.datasets import fetch_20newsgroups

    #all categories
    #newsgroup_train = fetch_20newsgroups（subset='train'）

    #part categories
    categories = ['comp.graphics',

    'comp.os.ms-windows.misc',
                    'comp.sys.ibm.pc.hardware',
                    'comp.sys.mac.hardware',
                    'comp.windows.x'];
  newsgroup_train = fetch_20newsgroups（subset = 'train'，categories = categories）；
```

```
#输出  category names
from pprint import pprint
pprint（list（newsgroup_train.target_names））

#输出长度
print len（newsgroup_train.data）
print len（newsgroup_train.filenames）
```

注意：下载的文件如果是 Windows 系统，在 "C：\Users\用户名" 路径下新建文件夹 scikit_learn_data，如果是 Linux 系统，在 "用户名" 的 home 目录下新建文件夹 scikit_learn_data。解压的数据集如图 13-10 所示。

| 系统 (C:) 〉 用户 〉 yxz 〉 scikit_learn_data 〉 20_newsgroups | | |
|---|---|---|
| 名称 | 修改日期 | 类型 |
| alt.atheism | 2016/8/10 20:22 | 文件夹 |
| comp.graphics | 2016/8/10 20:22 | 文件夹 |
| comp.os.ms-windows.misc | 2016/8/10 20:22 | 文件夹 |
| comp.sys.ibm.pc.hardware | 2016/8/10 20:22 | 文件夹 |
| comp.sys.mac.hardware | 2016/8/10 20:22 | 文件夹 |
| comp.windows.x | 2016/8/10 20:23 | 文件夹 |
| misc.forsale | 2016/8/10 20:23 | 文件夹 |
| rec.autos | 2016/8/10 20:23 | 文件夹 |
| rec.motorcycles | 2016/8/10 20:23 | 文件夹 |
| rec.sport.baseball | 2016/8/10 20:23 | 文件夹 |
| rec.sport.hockey | 2016/8/10 20:23 | 文件夹 |
| sci.crypt | 2016/8/10 20:23 | 文件夹 |
| sci.electronics | 2016/8/10 20:23 | 文件夹 |
| sci.med | 2016/8/10 20:23 | 文件夹 |
| sci.space | 2016/8/10 20:23 | 文件夹 |
| soc.religion.christian | 2016/8/10 20:23 | 文件夹 |
| talk.politics.guns | 2016/8/10 20:23 | 文件夹 |
| talk.politics.mideast | 2016/8/10 20:23 | 文件夹 |
| talk.politics.misc | 2016/8/10 20:23 | 文件夹 |
| talk.religion.misc | 2016/8/10 20:23 | 文件夹 |

图 13-10　解压的数据集

输出结果如图 13-11 所示。

```
>>> ============================== RESTART ==============================
>>>
['comp.graphics',
 'comp.os.ms-windows.misc',
 'comp.sys.ibm.pc.hardware',
 'comp.sys.mac.hardware',
 'comp.windows.x']
2936
2936
>>>
```

图 13-11　输出结果

　　这个数据里一共有 2 936 条记录，每条记录都是一个文档。要对这些文档进行分类，也需要预处理，有两种办法：①统计每个词出现的次数；②用 TF-IDF 统计词频，TF 是在一个文档里每个单词出现的次数除以文档的单词总数，IDF 是总的文档数除以包含该单词的文档数，再取对数；TF-IDF 就是这里用到的值，值越大表明单词越重要，或越相关。

### 13.3.2　特征提取

　　前面 10.3 章节详细介绍了 Scikit-Learn 计算 TF-IDF 值的过程，接下来介绍特征提取和 TF-IDF 权重计算的方法。

　　通过 HashingVectorizer 和 fit_transform 实现，其中提取 10 000 个特征。

　　接着上面第一部分代码，特征提取的代码如下。

```
###############################################
#              提取特征
###############################################

from sklearn.feature_extraction.text import HashingVectorizer

#载入测试集
newsgroup_test = fetch_20newsgroups（subset = 'test'，categories = categories）；

#停用词为英语  特征 10000
vectorizer = HashingVectorizer（stop_words = 'english'，non_negative = True，
                                n_features = 10000）

#计算训练集特征词
```

```
    fea_train = vectorizer.fit_transform（newsgroup_train.data）

    #计算测试集特征词
    fea_test = vectorizer.fit_transform（newsgroup_test.data）；

    #return feature vector 'fea_train' [n_samples，n_features]
    print 'Size of fea_train：' + repr（fea_train.shape）
    print 'Size of fea_test：' + repr（fea_test.shape）

    #11314 documents，130107 vectors for all categories
    print 'The average feature sparsity is {0：.3f}%'.format（fea_train.nnz/float
（fea_train.shape[0]*fea_train.shape[1]）*100）；

    #输出
    print fea_train
```

输出结果如图 13-12 所示，其中平均稀疏性为 1.002%。

```
>>> ================================== RESTART ==================================
>>>
['comp.graphics',
 'comp.os.ms-windows.misc',
 'comp.sys.ibm.pc.hardware',
 'comp.sys.mac.hardware',
 'comp.windows.x']
2936
2936
Size of fea_train:(2936, 10000)
Size of fea_test:(1955, 10000)
The average feature sparsity is 1.002%
  (0, 108)        0.109108945118
  (0, 230)        0.109108945118
  (0, 370)        0.109108945118
  (0, 781)        0.218217890236
  (0, 1206)       0.109108945118
  (0, 1348)       0.218217890236
  (0, 1431)       0.218217890236
  (0, 1761)       0.109108945118
  (0, 1765)       0.327326835354
  (0, 2046)       0.218217890236
  (0, 2176)       0.109108945118
  (0, 2238)       0.109108945118
  (0, 2803)       0.109108945118
  (0, 3039)       0.109108945118
```

图 13-12　输出结果

因为我们只取了 10 000 个词，即 10 000 维 feature，稀疏度还不算低。而实际上用 TfidfVectorizer 统计可得到上万维的 feature。

但是通常输出的 TF-IDF 在 train 和 test 上提取的 feature 维度不同，下面提供了两种方法，促使训练集和测试集所提取的特征数量相同。

（1）使用 CountVectorizer 和 TfidfTransformer 方法，让两个 CountVectorizer 共享 vocabulary，代码如下。

```
#----------------------------------------------------
#method 1：CountVectorizer+TfidfTransformer
print '***********\nCountVectorizer+TfidfTransformer\n***********'
#计算词频和 TF-IDF 方法
from sklearn.feature_extraction.text import CountVectorizer，TfidfTransformer

#训练集
count_v1= CountVectorizer（stop_words = 'english'，max_df = 0.5）；
counts_train = count_v1.fit_transform（newsgroup_train.data）；
print "the shape of train is "+repr（counts_train.shape）

#测试集
count_v2 = CountVectorizer（vocabulary=count_v1.vocabulary_）；
counts_test = count_v2.fit_transform（newsgroup_test.data）；
print "the shape of test is "+repr（counts_test.shape）

#输出结果
tfidftransformer = TfidfTransformer（）；
tfidf_train = tfidftransformer.fit（counts_train）.transform（counts_train）；
tfidf_test = tfidftransformer.fit（counts_test）.transform（counts_test）；

print tfidf_train
```

输出结果如图 13-13 所示。

```
***********************
CountVectorizer+TfidfTransformer
***********************
the shape of train is (2936, 66433)
the shape of test is (1955, 66433)
  (0, 57052)      0.11751383304
  (0, 57182)      0.0409752172963
  (0, 55955)      0.0643439997419
  (0, 53531)      0.0728124464891
  (0, 37971)      0.0669308688099
  (0, 53519)      0.0819266738225
  (0, 21547)      0.105623361154
  (0, 61707)      0.0907092648624
  (0, 35514)      0.0455350484471
  (0, 20440)      0.0945050593157
  (0, 42061)      0.0706092592039
  (0, 53547)      0.0608479410864
  (0, 58064)      0.0758212409929
  (0, 33396)      0.13315090419
```

图 13-13　输出结果

（2）让两个 TfidfVectorizer 共享 vocabulary，代码如下。

```
#method 2：TfidfVectorizer
print '*************\nTfidfVectorizer\n*************'
#TF-IDF 方法
from sklearn.feature_extraction.text import TfidfVectorizer

#训练集
tv = TfidfVectorizer（sublinear_tf = True，  max_df = 0.5,
                     stop_words = 'english'）；
tfidf_train_2 = tv.fit_transform（newsgroup_train.data）；

#测试集
tv2 = TfidfVectorizer（vocabulary = tv.vocabulary_）；
tfidf_test_2 = tv2.fit_transform（newsgroup_test.data）；
print "the shape of train is "+repr（tfidf_train_2.shape）
print "the shape of test is "+repr（tfidf_test_2.shape）
```

```
analyze = tv.build_analyzer（）
tv.get_feature_names（）#statistical features/terms
```

输出结果如图 13-14 所示。

```
* * * * * * * * * * * * * * * * * * * * * * * *
CountVectorizer+TfidfTransformer
* * * * * * * * * * * * * * * * * * * * * * * *
the shape of train is (2936, 66433)
the shape of test is (1955, 66433)
  (0, 57052)        0.11751383304
  (0, 57182)        0.0409752172963
  (0, 55955)        0.0643439997419
  (0, 53531)        0.0728124464891
  (0, 37971)        0.0669308688099
  (0, 53519)        0.0819266738225
  (0, 21547)        0.105623361154
  (0, 61707)        0.0907092648624
  (0, 35514)        0.0455350484471
  (0, 20440)        0.0945050593157
  (0, 42061)        0.0706092592039
  (0, 53547)        0.0608479410864
  (0, 58064)        0.0758212409929
  (0, 33396)        0.13315090419
```

图 13-14　输出结果

下面是各个分类算法的实现及评估。

### 13.3.3　多项朴素贝叶斯分类器

代码如下。

```
#################################################
#Multinomial Naive Bayes Classifier
print '*********************\nNaive Bayes\n*********************'
#导入库
from sklearn.naive_bayes import MultinomialNB
from sklearn import metrics
newsgroups_test = fetch_20newsgroups（subset = 'test',
                                    categories = categories）;
```

```
#特征提取
fea_test = vectorizer.fit_transform（newsgroups_test.data）;

#create the Multinomial Naive Bayes Classifier
clf = MultinomialNB（alpha = 0.01）
clf.fit（fea_train, newsgroup_train.target）;
pred = clf.predict（fea_test）;

#调用自定义评价函数
calculate_result（newsgroups_test.target, pred）;
#notice here we can see that f1_score is not equal to 2*precision*recall/
（precision+recall）
#because the m_precision and m_recall we get is averaged, however,
metrics.f1_score（）calculates
#weithed average, i.e., takes into the number of each class into consideration.
```

注意最后的 3 行注释，为什么 f1≠2×（准确率×召回率）/（准确率+召回率）呢？
下面的函数 calculate_result 计算 f1，详细代码如下所示。

```
def calculate_result（actual, pred）:
    m_precision = metrics.precision_score（actual, pred）;
    m_recall = metrics.recall_score（actual, pred）;
    print 'predict info: '
    print 'precision: {0: .3f}'.format（m_precision）
    print 'recall: {0: 0.3f}'.format（m_recall）;
    print 'f1-score: {0: .3f}'.format（metrics.f1_score（actual, pred））;
```

输出结果如下。

```
***********************
Naive Bayes
***********************
predict info:
precision: 0.764
recall: 0.759
f1-score: 0.760
```

### 13.3.4　KNN

代码如下。

```
# coding：utf-8
from sklearn import metrics
from sklearn.feature_extraction.text import HashingVectorizer
#载入数据集 20 news_group dataset 到 sikit_learn_data
from sklearn.datasets import fetch_20newsgroups
from sklearn.feature_extraction.text import CountVectorizer，TfidfTransformer

#评价函数
def calculate_result（actual，pred）：
    m_precision = metrics.precision_score（actual，pred）;
    m_recall = metrics.recall_score（actual，pred）;
    print 'predict info：'
    print 'precision：{0：.3f}'.format（m_precision）
    print 'recall：{0：0.3f}'.format（m_recall）;
    print 'f1-score：{0：.3f}'.format（metrics.f1_score（actual，pred））;

#part categories
categories = ['comp.graphics',
                'comp.os.ms-windows.misc',
                'comp.sys.ibm.pc.hardware',
                'comp.sys.mac.hardware',
                'comp.windows.x'];

#特征提取
vectorizer = HashingVectorizer（stop_words = 'english'，non_negative = True，
                                n_features = 10000）

#训练数据
newsgroup_train = fetch_20newsgroups（subset = 'train'，categories = categories）;
fea_train = vectorizer.fit_transform（newsgroup_train.data）
```

```
#测试数据
newsgroups_test = fetch_20newsgroups（subset = 'test'， categories = categories）；
fea_test = vectorizer.fit_transform（newsgroups_test.data）；
##########################################################
#KNN Classifier
from sklearn.neighbors import KNeighborsClassifier
print '*************************\nKNN\n*************************'
knnclf = KNeighborsClassifier（）#default with k=5
knnclf.fit（fea_train， newsgroup_train.target）
pred = knnclf.predict（fea_test）；
calculate_result（newsgroups_test.target， pred）；
```

输出结果如下。

```
*************************
KNN
*************************
predict info：
precision：0.643
recall：0.637
f1-score：0.638
```

## 13.3.5 SVM（支持向量机）

代码如下。

```
# coding：utf-8
from sklearn import metrics
from sklearn.feature_extraction.text import HashingVectorizer
#载入数据集 20 news_group dataset 到 sikit_learn_data
from sklearn.datasets import fetch_20newsgroups
from sklearn.feature_extraction.text import CountVectorizer， TfidfTransformer

#评价函数
def calculate_result（actual， pred）：
```

```
        m_precision = metrics.precision_score（actual，pred）；
        m_recall = metrics.recall_score（actual，pred）；
        print 'predict info：'
        print 'precision：{0：.3f}'.format（m_precision）
        print 'recall：{0：0.3f}'.format（m_recall）；
        print 'f1-score：{0：.3f}'.format（metrics.f1_score（actual，pred））；


    #part categories
    categories = ['comp.graphics',
                  'comp.os.ms-windows.misc',
                  'comp.sys.ibm.pc.hardware',
                  'comp.sys.mac.hardware',
                  'comp.windows.x']；


    #特征提取
    vectorizer = HashingVectorizer（stop_words = 'english'，non_negative = True，
                  n_features = 10000）


    #训练数据
    newsgroup_train = fetch_20newsgroups（subset = 'train'，categories = categories）；
    fea_train = vectorizer.fit_transform（newsgroup_train.data）


    #测试数据
    newsgroups_test = fetch_20newsgroups（subset = 'test'，categories = categories）；
    fea_test = vectorizer.fit_transform（newsgroups_test.data）；
    ######################################################
    #SVM Classifier
    from sklearn.svm import SVC
    print '**********************\nSVM\n**********************'
    svclf = SVC（kernel = 'linear'）#default with 'rbf'
    svclf.fit（fea_train，newsgroup_train.target）
    pred = svclf.predict（fea_test）；
    calculate_result（newsgroups_test.target，pred）；
```

输出结果如下。

```
************************
SVM
************************
predict info：
precision：0.777
recall：0.774
f1-score：0.774
```

# 第 14 章 基于 Python 的 LDA 主题模型

LDA 是一种文档主题生成模型，通常由包含词、主题和文档三层结构组成。该算法将一篇文档的每个词都以一定概率分布在某个主题上，并可以从这个主题中选择某个词语。文档到主题的过程是服从多项分布的，主题到词的过程也是服从多项分布的。LDA 作为无监督学习技术，可以用来识别数据集或文档库中潜藏的主题分布信息，该模型主要用于计算文档作者感兴趣的主题和每篇文档所涵盖的主题比例。

本章主要介绍 LDA 主题模型、LDA 安装过程、LDA 基本用法及 LDA 主题模型分布计算。

## 14.1 LDA 主题模型

本节主要用 LDA 来进行实体对齐对比实验。实体对齐中的每个实体都对应一篇在线百科的网页语料，该网页包括全文本内容、摘要文本内容和消息盒。每个主题表示为不同数据源的实体指向的真实对象。实验数据集中的每个实体 $D$ 都与 $T$ 个主题的多项分布相对应，记为多项分布 $\theta$。每个主题都与词汇表（在线百科语料的特征词表）中的 $V$ 个单词的多项分布相对应，记为多项分布 $\varphi$。其中，$\theta$ 和 $\phi$ 分别存在一个带超参数的 $\alpha$ 和 $\beta$ 的狄利克雷先验分布。LDA 模型的生成过程如图 14-1 所示。

该模型表示法又称为"盘子表示法"（plate notation），图中的双圆圈表示可测变量，单圆圈表示潜在变量，箭头表示两个变量之间的依赖关系，矩形框表示重复抽样，对应的重复次数在矩形框的右下角显示。

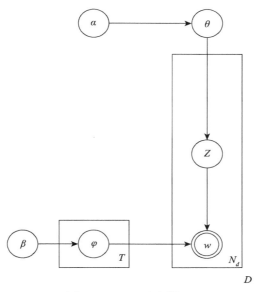

图 14-1　LDA 主题模型

LDA 模型的具体实现步骤如下。

（1）从每篇网页 $D$ 对应的多项分布 $\theta$ 中抽取每个单词对应的一个主题 $Z$。

（2）从主题 $Z$ 对应的多项分布 $\phi$ 中抽取一个单词 $w$。

（3）重复步骤（1）（2），共计 $N_d$ 次，直至遍历网页中的每一个单词。

LDA 是一种典型的词袋模型，即它认为一篇文档是由一组词构成的一个集合，词与词之间没有顺序以及先后的关系。一篇文档可以包含多个主题，文档中每一个词都由其中的一个主题生成。

当我们看到一篇文章后，往往喜欢推测这篇文章是如何生成的，我们可能会认为作者先确定这篇文章的几个主题，然后围绕这几个主题遣词造句，表达成文。LDA 就是要根据给定的一篇文档，推测其主题分布。

因此正如 LDA 贝叶斯网络结构中所描述的，在 LDA 模型中一篇文档生成的方式如下。

（1）从狄利克雷分布 $\alpha$ 中取样生成文档 $i$ 的主题分布 $\theta_i$。

（2）从主题的多项式分布 $\theta_i$ 中取样生成文档 $i$ 第 $j$ 个词的主题 $Z_{i,j}$。

（3）从狄利克雷分布 $\beta$ 中取样生成主题 $Z_{i,j}$ 的词语分布 $\phi_{\approx i,j}$。

（4）从词语的多项式分布 $\phi_{\approx i,j}$ 中采样最终生成词语 $w_{i,j}$。

下面介绍 LDA 主题模型基于 Python 语言的具体用法及案例分析。

# 14.2　LDA 安装过程

在讲述 LDA 用法及实例之前，我们先介绍如何安装 LDA。其中较常用的 LDA 下载网址有如下三个。

（1）gensim 下载网址：https://radimrehurek.com/gensim/models/ldamodel.html。

（2）pip install lda 安装网址：https://github.com/ariddell/lda。

（3）scikit-learn 官网文档：LatentDirichletAllocation。

下面介绍 pip install lda 的安装过程。

第一步：先安装 pip 软件，详见 6.3 章节安装 pip 软件的内容。

第二步：使用命令安装 LDA。在 CMD 命令框并输入如下指令。

```
pip install lda
```

安装过程如图 14-2 所示，安装成功后显示"Successfully installed lda-1.0.3 pbr-1.8.1"。

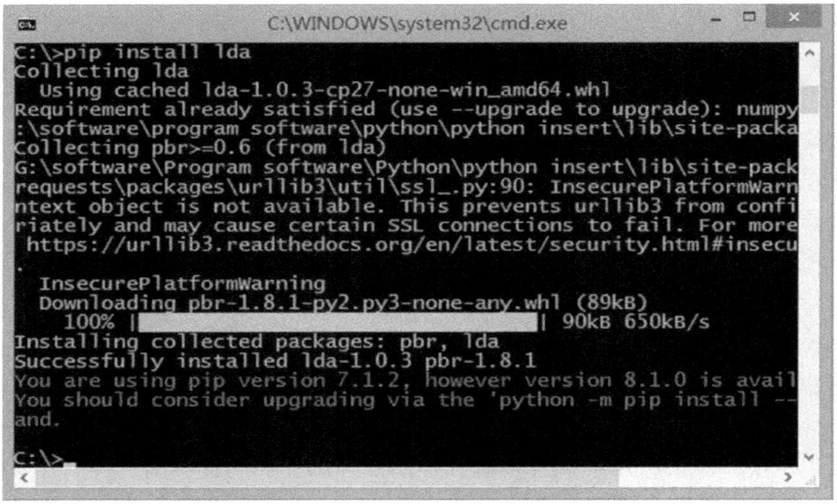

图 14-2　LDA 安装过程

在 github 中也存在比较好的介绍 LDA 的工具及源码，推荐下面这三个给大家：①https://github.com/arongdari/python-topic-model；②https://github.com/shuyo/iir/tree/master/lda；③https://github.com/a55509432/python-LDA。

其中 LDA 模型常用的文件表示方法如表 14-1 所示，不同文件对应不同的用法。

表 14-1　LDA 常用文件用法

| 文件 | 用法 |
| --- | --- |
| model_parameter.dat | 保存模型训练时选择的参数 |
| wordidmap.dat | 保存词与 id 的对应关系，主要用作 topN 时查询 |
| model_twords.dat | 输出每个类高频词 topN 个 |
| model_tassgin.dat | 输出文章中每个词分派的结果，文本格式为"词 id：类 id" |
| model_theta.dat | 输出文章与类的分布概率，文本一行表示一篇文章，概率 1，概率 2，…，概率 $n$ 表示文章属于类的概率 |
| model_phi.dat | 输出词与类的分布概率，是一个 $K \times M$ 的矩阵，$K$ 为设置分类的个数，$M$ 为所有文章的词的总数 |

　　笔者建议大家使用"pip install lda"安装的官方 LDA，其代码值得大家学习和使用。

# 14.3　LDA 基本用法

本节内容主要介绍 LDA 的基本用法。

## 14.3.1　载入数据

LDA 载入数据主要调用 lda.datasets 中的函数，代码如下。

```
import numpy as np
import lda
import lda.datasets

# document-term matrix
X = lda.datasets.load_reuters（）
print（"type（X）：{}".format（type（X）））
print（"shape：{}\n".format（X.shape））
print（X[：5，：5]）

# the vocab
vocab = lda.datasets.load_reuters_vocab（）
```

```
print（"type（vocab）：{}".format（type（vocab）））
print（"len（vocab）：{}\n".format（len（vocab）））
print（vocab[：5]）

# titles for each story
titles = lda.datasets.load_reuters_titles（）
print（"type（titles）：{}".format（type（titles）））
print（"len（titles）：{}\n".format（len（titles）））
print（titles[：5]）
```

载入 LDA 包数据集后，输出结果如下所示。

```
type（X）：<type 'numpy.ndarray'>
shape：（395L，4258L）
[[ 1   0   1   0   0]
 [ 7   0   2   0   0]
 [ 0   0   0   1 10]
 [ 6   0   1   0   0]
 [ 0   0   0   2 14]]

type（vocab）：<type 'tuple'>
len（vocab）：4258
（'church', 'pope', 'years', 'people', 'mother'）

type（titles）：<type 'tuple'>
len（titles）：395
（'0 UK：Prince Charles spearheads British royal revolution. LONDON 1996-08-20',
 '1 GERMANY：Historic Dresden church rising from WW2 ashes. DRESDEN，Germany 1996-08-21',
 "2 INDIA：Mother Teresa's condition said still unstable. CALCUTTA 1996-08-23",
 '3 UK：Palace warns British weekly over Charles pictures. LONDON 1996-08-25',
 '4 INDIA：Mother Teresa，slightly stronger，blesses nuns. CALCUTTA 1996-08-25'）
```

**X** 矩阵为 395×4 258，共 395 个文档，4 258 个单词，主要用于计算每行文档单词出现的次数（词频），然后输出 **X**[5，5]矩阵。vocab 为具体的单词，共 4 258 个，它对应 **X** 的一行数据，其中 **X**[5，5]表示输出的前 5 行的 5 个单词，**X** 中第 0 列对应 church，其值为词频。titles 为载入的文章标题，共 395 篇文章，同时输出编号为 0 到 4 的文章标题。

下面代码是测试文档编号为 0，单词编号为 3 117 的数据。

```
# X[0，3117] is the number of times that word 3117 occurs in document 0
doc_id = 0
word_id = 3117
print（"doc id：{} word id：{}".format（doc_id，word_id））
print（"-- count：{}".format（X[doc_id，word_id]））
print（"-- word：{}".format（vocab[word_id]））
print（"-- doc ：{}".format（titles[doc_id]））


"""输出
doc id：0 word id：3117
-- count：2
-- word：heir-to-the-throne
-- doc ：0 UK：Prince Charles spearheads British royal revolution. LONDON
1996-08-20
"""
```

## 14.3.2　训练模型

下面这段代码是调用 lda.LDA（）函数训练 LDA 主题模型，其中参数 n_topics 表示设置 20 个主题，n_iter 表示设置迭代次数 500 次；再调用 fit（）函数填充数据，具体代码如下。

```
model = lda.LDA（n_topics=20，n_iter=500，random_state=1）
model.fit（X）                # model.fit_transform（X）is also available
```

其中 X 表示上面的 395×4 258 矩阵，矩阵的含义为 395 个文档，4 258 个单词。它是通过代码 "X = lda.datasets.load_reuters（）" 进行载入的。

### 14.3.3　计算主题–单词分布

在载入数据并使用 LDA（ ）函数训练模型之后，需要计算主题–单词
（topic-word）分布。代码如下所示，表示分别计算 church、pope、years 这三个
单词在各个主题（n_topocs=20，共 20 个主题）中的比重，同时输出前 5 个主题
的比重和，其值均为 1。

```
topic_word = model.topic_word_
print（"type（topic_word）: {}".format（type（topic_word）））
print（"shape: {}".format（topic_word.shape））
print（vocab[: 3]）
print（topic_word[: , : 3]）

for n in range（5）:
    sum_pr = sum（topic_word[n, : ]）
    print（"topic: {} sum: {}".format（n,　sum_pr））
```

输出结果如下所示。

```
type（topic_word）: <type 'numpy.ndarray'>
shape: （20L，4258L）
（'church'，'pope'，'years'）

[[  2.72436509e-06    2.72436509e-06    2.72708945e-03]
 [  2.29518860e-02    1.08771556e-06    7.83263973e-03]
 [  3.97404221e-03    4.96135108e-06    2.98177200e-03]
 [  3.27374625e-03    2.72585033e-06    2.72585033e-06]
 [  8.26262882e-03    8.56893407e-02    1.61980569e-06]
 [  1.30107788e-02    2.95632328e-06    2.95632328e-06]
 [  2.80145003e-06    2.80145003e-06    2.80145003e-06]
 [  2.42858077e-02    4.66944966e-06    4.66944966e-06]
 [  6.84655429e-03    1.90129250e-06    6.84655429e-03]
 [  3.48361655e-06    3.48361655e-06    3.48361655e-06]
 [  2.98781661e-03    3.31611166e-06    3.31611166e-06]
 [  4.27062069e-06    4.27062069e-06    4.27062069e-06]
```

```
[   1.50994982e-02      1.64107142e-06      1.64107142e-06]
[   7.73480150e-07      7.73480150e-07      1.70946848e-02]
[   2.82280146e-06      2.82280146e-06      2.82280146e-06]
[   5.15309856e-06      5.15309856e-06      4.64294180e-03]
[   3.41695768e-06      3.41695768e-06      3.41695768e-06]
[   3.90980357e-02      1.70316633e-03      4.42279319e-03]
[   2.39373034e-06      2.39373034e-06      2.39373034e-06]
[   3.32493234e-06      3.32493234e-06      3.32493234e-06]]

topic：0 sum：1.0
topic：1 sum：1.0
topic：2 sum：1.0
topic：3 sum：1.0
topic：4 sum：1.0
```

### 14.3.4　计算各主题 Top-*n* 个单词

下面这部分代码用于计算每个主题中的前 5 个单词。

```
n = 5
for i，topic_dist in enumerate（topic_word）：
    topic_words = np.array（vocab）[np.argsort（topic_dist）][：－（n+1）：－1]
    print（'*Topic {}\n- {}'.format（i，' '.join（topic_words）））
```

输出结果如下所示，分别计算每个主题中出现频率最高的 5 个单词，即 Top-5。

```
*Topic 0
- government british minister west group
*Topic 1
- church first during people political
*Topic 2
- elvis king wright fans presley
*Topic 3
- yeltsin russian russia president kremlin
*Topic 4
- pope vatican paul surgery pontiff
```

```
*Topic 5
- family police miami versace cunanan
*Topic 6
- south simpson born york white
*Topic 7
- order church mother successor since
*Topic 8
- charles prince diana royal queen
*Topic 9
- film france french against actor
*Topic 10
- germany german war nazi christian
*Topic 11
- east prize peace timor quebec
*Topic 12
- n't told life people church
*Topic 13
- years world time year last
*Topic 14
- mother teresa heart charity calcutta
*Topic 15
- city salonika exhibition buddhist byzantine
*Topic 16
- music first people tour including
*Topic 17
- church catholic bernardin cardinal bishop
*Topic 18
- harriman clinton u.s churchill paris
*Topic 19
- century art million museum city
```

## 14.3.5　计算文档-主题分布

计算文档-主题（document-topic）分布，输入前 10 篇文章最可能的 topic。

```
doc_topic = model.doc_topic_
print（"type（doc_topic）：{}".format（type（doc_topic）））
print（"shape：{}".format（doc_topic.shape））
for n in range（10）：
    topic_most_pr = doc_topic[n].argmax（）
    print（"doc：{} topic：{}".format（n，topic_most_pr））
```

输出结果如下所示。

```
type（doc_topic）：<type 'numpy.ndarray'>
shape：（395L，20L）
doc：0 topic：8
doc：1 topic：1
doc：2 topic：14
doc：3 topic：8
doc：4 topic：14
doc：5 topic：14
doc：6 topic：14
doc：7 topic：14
doc：8 topic：14
doc：9 topic：8
```

### 14.3.6　两种作图分析

计算各个主题中单词权重分布的情况，代码如下，并绘制两种图形。

```
import matplotlib.pyplot as plt
f，ax= plt.subplots（5，1，figsize=（8，6），sharex=True）
for i，k in enumerate（[0，5，9，14，19]）：
    ax[i].stem（topic_word[k，:]，linefmt='b-'，
               markerfmt='bo'，basefmt='w-'）
    ax[i].set_xlim（-50，4350）
    ax[i].set_ylim（0，0.08）
    ax[i].set_ylabel（"Prob"）
    ax[i].set_title（"topic {}".format（k））
ax[4].set_xlabel（"word"）
```

```
plt.tight_layout（）
plt.show（）
```

输出结果如图 14-3 所示，它是计算主题 topic0、topic5、topic9、topic14、topic19 各个单词权重分布情况。横轴表示 4 258 个单词，纵轴表示每个单词的权重。这就是"主题–单词"分布状况，即第一种作图方法。

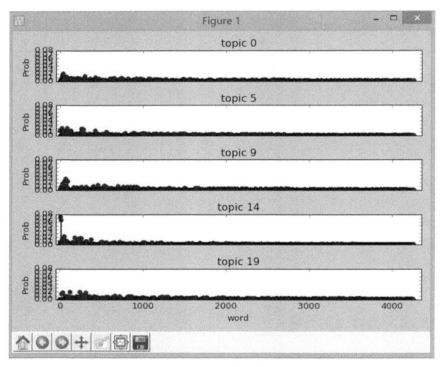

图 14-3　主题–单词分布情况

第二种作图是计算文档具体分布在哪个主题，即"文档–主题"图，代码如下。

```
import matplotlib.pyplot as plt
f, ax= plt.subplots（5，1，figsize=（8，6），sharex=True）
for i, k in enumerate（[1，3，4，8，9]）：
    ax[i].stem（doc_topic[k, : ]，linefmt='r-'，
                markerfmt='ro'，basefmt='w-'）
    ax[i].set_xlim（-1，21）
    ax[i].set_ylim（0，1）
    ax[i].set_ylabel（"Prob"）
    ax[i].set_title（"Document {}".format（k））
```

```
ax[4].set_xlabel（"Topic"）

plt.tight_layout（）
plt.show（）
```

输出结果如图 14-4 所示，它是计算文档 Document1、Document3、Document4、Document8、Document9 各个主题的分布情况。其中横轴表示 20 个主题，纵轴表示对应每个主题的分布情况，如果某个主题 Topic 分布很高，则可以认为该文档属于该主题。

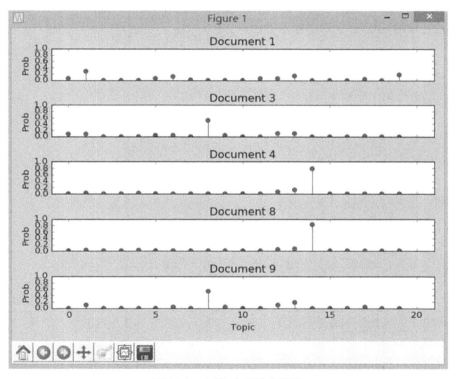

图 14-4　文档-主题分布情况

例如，Document4 和 Document8 在 Topic 主题 14 的分布最高，则可以表示这两个文档属于 Topic14 主题。本节主要是对 Python 下 LDA 用法的入门介绍，下一节将结合具体的 txt 文本内容进行分词处理、文档-主题分布计算等。

## 14.4　案例分析：LDA 主题模型分布计算

本节主要讲述如何通过 LDA 处理文本内容 txt，并计算其文档主题分布，以核心代码为主。

### 14.4.1　输入输出

输入是 test.txt 文件，它是使用 Jieba 分词之后的文本内容，通常每行代表一篇文档。其中 test.txt 文件内容如下。

```
新春 备 年货，新年 联欢晚会
新春 节目单，春节 联欢晚会 红火
大盘 下跌 股市 散户
下跌 股市 赚钱
金猴 新春 红火 新年
新车 新年 年货 新春
股市 反弹 下跌
股市 散户 赚钱
新年，看 春节 联欢晚会
大盘 下跌 散户
```

输出则是这 10 篇文档的主题分布，shape（10L，2L）表示 10 篇文档，2 个主题。具体结果如下所示。

```
shape：（10L，2L）
doc：0 topic：0
doc：1 topic：0
doc：2 topic：1
doc：3 topic：1
doc：4 topic：0
doc：5 topic：0
doc：6 topic：1
doc：7 topic：1
doc：8 topic：0
```

---
doc：9 topic：1

---

同时调用 matplotlib.pyplot 输出了对应的文档-主题分布图，如图 14-5 所示，可以看到主题 Document0、Document1、Document8 分布于 Topic0，它们主要描述主题新春；而 Document2、Document3、Document9 分布于 Topic1，它们主要描述股市。

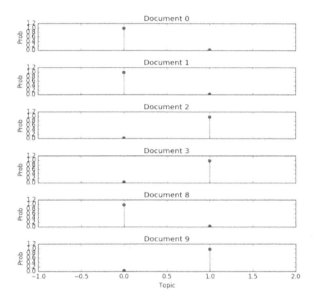

图 14-5　文档-主题分布情况

其过程中也会输出描述 LDA 运行的信息，如图 14-6 所示。

```
LDA:
INFO:lda:n_documents: 10
INFO:lda:vocab_size: 15
INFO:lda:n_words: 36
INFO:lda:n_topics: 2
INFO:lda:n_iter: 500
INFO:lda:<0> log likelihood: -192
INFO:lda:<10> log likelihood: -140
INFO:lda:<20> log likelihood: -133
INFO:lda:<30> log likelihood: -133
INFO:lda:<40> log likelihood: -133
INFO:lda:<50> log likelihood: -133
INFO:lda:<60> log likelihood: -133
INFO:lda:<70> log likelihood: -133
```

图 14-6　LDA 运行信息

## 14.4.2　核心代码

核心代码如下所示，包括读取文本、LDA 运行、输出绘图等操作。

```python
# coding=utf-8
import os
import sys
import numpy as np
import matplotlib
import scipy
import matplotlib.pyplot as plt
from sklearn import feature_extraction
from sklearn.feature_extraction.text import TfidfTransformer
from sklearn.feature_extraction.text import CountVectorizer
from sklearn.feature_extraction.text import HashingVectorizer

if __name__ == "__main__":

    #存储读取语料 一行语料为一个文档
    corpus = []
    for line in open（'test.txt'，'r'）.readlines（）：
        #print line
        corpus.append（line.strip（））
    #print corpus

    #将文本中的词语转换为词频矩阵 矩阵元素 a[i][j] 表示 j 词在 i 类文本下的词频
    vectorizer = CountVectorizer（）
    print vectorizer

    X = vectorizer.fit_transform（corpus）
    analyze = vectorizer.build_analyzer（）
    weight = X.toarray（）

    print len（weight）
```

```
        print（weight[：5，：5]）


        #LDA 算法
        print 'LDA：'
        import numpy as np
        import lda
        import lda.datasets
        model = lda.LDA（n_topics=2，n_iter=500，random_state=1）
        model.fit（np.asarray（weight））        # model.fit_transform（X）is
also available
        topic_word = model.topic_word_        # model.components_ also works

        #文档-主题分布
        doc_topic = model.doc_topic_
        print（"type（doc_topic）：{}".format（type（doc_topic）））
        print（"shape：{}".format（doc_topic.shape））

        #输出前 10 篇文章最可能的 Topic
        label = []
        for n in range（10）：
            topic_most_pr = doc_topic[n].argmax（）
            label.append（topic_most_pr）
            print（"doc：{} topic：{}".format（n，topic_most_pr））

        #计算文档-主题分布图
        import matplotlib.pyplot as plt
        f，ax= plt.subplots（6，1，figsize=（8，8），sharex=True）
        for i，k in enumerate（[0，1，2，3，8，9]）：
            ax[i].stem（doc_topic[k，：]，linefmt='r-'，
                        markerfmt='ro'，basefmt='w-'）
            ax[i].set_xlim（−1，2）        #x 坐标下标
            ax[i].set_ylim（0，1.2）        #y 坐标下标
            ax[i].set_ylabel（"Prob"）
            ax[i].set_title（"Document {}".format（k））
        ax[5].set_xlabel（"Topic"）
```

```
    plt.tight_layout（）
    plt.show（）
```

如果希望查询每个主题对应的特征词权重分布情况，代码如下。

```
import matplotlib.pyplot as plt
f, ax= plt.subplots（2，1，figsize=（6，6），sharex=True）
for i, k in enumerate（[0，1]）:              #两个主题
    ax[i].stem（topic_word[k，：]，linefmt='b-',
               markerfmt='bo'，basefmt='w-'）
    ax[i].set_xlim（-2，20）
    ax[i].set_ylim（0，1）
    ax[i].set_ylabel（"Prob"）
    ax[i].set_title（"topic {}".format（k））

ax[1].set_xlabel（"word"）

plt.tight_layout（）
plt.show（）
```

运行结果如图 14-7 所示，共 2 个主题，15 个核心词汇。

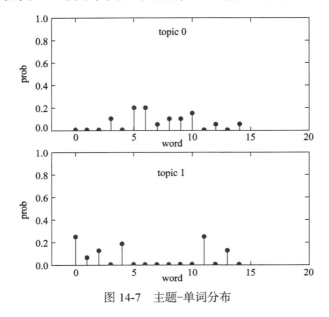

图 14-7　主题−单词分布

讲到这里，整个完整的 LDA 算法就算结束了，我们可以通过上面的代码进行 LDA 主题分布的计算，下面是一些问题。

### 14.4.3　TF-IDF 计算及词频 TF 计算

特征计算方法参考 Scikit-Learn 官方文章"Feature Extraction"，核心代码如下。

```
#计算 TF-IDF
corpus = []

#读取语料 一行语料为一个文档
for line in open（'test.txt', 'r'）.readlines（）：
    #print line
    corpus.append（line.strip（））
#print corpus

#将文本中的词语转换为词频矩阵 矩阵元素 a[i][j] 表示 j 词在 i 类文本下
的词频
vectorizer = CountVectorizer（）

#该类会统计每个词语的 tf-idf 权值
transformer = TfidfTransformer（）

#第一个 fit_transform 是计算 tf-idf 第二个 fit_transform 是将文本转为词频
矩阵
tfidf = transformer.fit_transform（vectorizer.fit_transform（corpus））

#获取词袋模型中的所有词语
word = vectorizer.get_feature_names（）

#将 tf-idf 矩阵抽取出来，元素 w[i][j]表示 j 词在 i 类文本中的 tf-idf 权重
weight = tfidf.toarray（）

#打印特征向量文本内容
print 'Features length：' + str（len（word））
```

```
    for j in range（len（word））:
        print word[j]

    #打印每类文本的 tf-idf 词语权重，第一个 for 遍历所有文本，第二个 for
遍历某一类文本下的词语权重
    for i in range（len（weight））:
        for j in range（len（word））:
            print weight[i][j]，
        print '\n'
```

输出结果如下所示，共统计处特征词 15 个，对应 TF-IDF 矩阵，共 10 行数据对应txt文件中的10个文档，每个文档包含15个数据，也称为包含15维特征，其值表示 TF-IDF 权重，这就可以通过 10×15 的矩阵表示整个文档的权重信息。

```
Features length：15
    下跌 反弹 大盘 年货 散户 新年 新春 新车 春节 红火 联欢晚会 股市
节目单 赚钱 金猴

    0.0 0.0 0.0 0.579725686076 0.0 0.450929562568 0.450929562568 0.0 0.0 0.0
0.507191470855 0.0 0.0 0.0 0.0

    0.0 0.0 0.0 0.0 0.0 0.0 0.356735384792 0.0 0.458627428458 0.458627428458
0.401244805261 0.0 0.539503693426 0.0 0.0

    0.450929562568 0.0 0.579725686076 0.0 0.507191470855 0.0 0.0 0.0 0.0 0.0
0.0 0.450929562568 0.0 0.0 0.0

    0.523221265036 0.0 0.0 0.0 0.0 0.0 0.0 0.0 0.0 0.0 0.0 0.523221265036 0.0
0.672665604612 0.0

    0.0 0.0 0.0 0.0 0.410305398084 0.410305398084 0.0 0.0 0.52749830162
0.0 0.0 0.0 0.0 0.620519542315

    0.0    0.0    0.52749830162    0.0    0.410305398084    0.410305398084
0.620519542315 0.0 0.0 0.0 0.0 0.0 0.0 0.0

    0.482964462575 0.730404446714 0.0 0.0 0.0 0.0 0.0 0.0 0.0 0.0
0.482964462575 0.0 0.0 0.0

    0.0 0.0 0.0 0.0 0.568243852685 0.0 0.0 0.0 0.0 0.505209504985 0.0
0.649509260872 0.0

    0.0    0.0    0.0    0.0    0.0    0.505209504985    0.0    0.0    0.649509260872    0.0
0.568243852685 0.0 0.0 0.0 0.0
```

0.505209504985 0.0 0.649509260872 0.0 0.568243852685 0.0 0.0 0.0 0.0 0.0 0.0 0.0 0.0 0.0 0.0

　　但是在将 TF-IDF 用于 LDA 算法 model.fit（np.asarray（weight））时，总是报错，错误信息是"TypeError：Cannot cast array data from dtype（'float64'）to dtype（'int64'）according to the rule 'safe'"。所以后来笔者采用的是统计词频的方法，该段代码如下。

```
#存储读取语料 一行语料为一个文档
corpus = []
for line in open（'test.txt', 'r'）.readlines（）：
    #print line
    corpus.append（line.strip（））
#print corpus

#将文本中的词语转换为词频矩阵 矩阵元素 a[i][j] 表示 j 词在 i 类文本下
的词频
vectorizer = CountVectorizer（）

#fit_transform 是将文本转为词频矩阵
X = vectorizer.fit_transform（corpus）

#获取词袋模型中的所有词语
word = vectorizer.get_feature_names（）
analyze = vectorizer.build_analyzer（）
weight = X.toarray（）

#打印特征向量文本内容
print 'Features length：' + str（len（word））
for j in range（len（word））：
    print word[j],

#打印每类文本词频矩阵
print 'TF Weight：'
for i in range（len（weight））：
    for j in range（len（word））：
```

```
          print weight[i][j],
      print '\n'

  print len（weight）
  print（weight[：5，：5]）
```

输出结果如下所示。

```
  Features length：15
  下跌 反弹 大盘 年货 散户 新年 新春 新车 春节 红火 联欢晚会 股市 节
目单 赚钱 金猴 TF
  weight：
  0 0 0 1 0 1 1 0 0 0 1 0 0 0 0
  0 0 0 0 0 0 1 0 1 1 1 0 1 0 0
  1 0 1 0 1 0 0 0 0 0 0 1 0 0 0
  1 0 0 0 0 0 0 0 0 0 0 1 0 1 0
  0 0 0 0 0 1 1 0 0 1 0 0 0 0 1
  0 0 0 1 0 1 1 1 0 0 0 0 0 0 0
  1 1 0 0 0 0 0 0 0 0 0 1 0 0 0
  0 0 0 0 1 0 0 0 0 0 0 1 0 1 0
  0 0 0 0 0 1 0 0 1 0 1 0 0 0 0
  1 0 1 0 1 0 0 0 0 0 0 0 0 0 0
  10
  [[0 0 0 1 0]
   [0 0 0 0 0]
   [1 0 1 0 1]
   [1 0 0 0 0]
   [0 0 0 0 0]]
```

得到 weight 权重后，然后调用对应的算法即可执行不用的应用，如 LDA 和 K-means。

```
  import lda
  model = lda.LDA（n_topics=20，n_iter=500，random_state=1）
  model.fit（np.asarray（weight））
  from sklearn.cluster import KMeans
  clf = KMeans（n_clusters=4）　　#景区 动物 人物明星 国家地理
```

s = clf.fit（weight）

### 14.4.4　百度互动主题分布例子

输入数据主要是前面讲述过的爬取百度百科、互动百科的景区、动物、人物明星、国家地理四类信息，如图 14-8 所示。

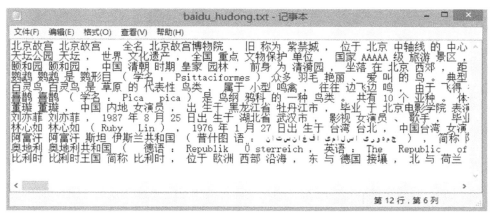

图 14-8　输入百科知识

输出结果如下所示，共 12 行数据，其中 doc0~doc2 主题序号为 "1"，其主题表示景区；doc3~doc5 主题序号为 "3"，其主题表示动物；doc6~doc8 主题序号为 "0"，其主题表示人物明星；doc9~doc11 主题序号为 "2"，其主题表示国家地理。

```
shape：（12L，4L）
doc：0 topic：1
doc：1 topic：1
doc：2 topic：1
doc：3 topic：3
doc：4 topic：3
doc：5 topic：3
doc：6 topic：0
doc：7 topic：0
doc：8 topic：0
doc：9 topic：2
doc：10 topic：2
```

doc：11 topic：2

　　讲到此处，我们应该理解了 LDA 的基本用法和适用场景，可以通过它进行新闻主题分布，同时再进行引文推荐、聚类算法等操作。总之，希望本章基础性的知识对读者有所帮助。

# 第15章 基于Python的神经网络分析

人工神经网络（artificial neural network，ANN）是 20 世纪 80 年代以来人工智能领域兴起的研究热点。它从信息处理角度对人脑神经元网络进行抽象，建立某种简单模型，按不同的连接方式组成不同的网络。工程与学术界也常直接将其简称为神经网络或类神经网络。近十余年来，人工神经网络的研究工作不断深入，已经取得了很大的进展，其在模式识别、智能机器人、自动控制、预测估计、生物、医学、经济等领域已成功地解决了许多现代计算机难以解决的实际问题，表现出了良好的智能特性。

本章主要介绍基于Python的神经网络相关知识，包括神经网络的基础知识、神经网络的Python简单实现、Python神经网络工具包的安装过程及基本用法，并通过一个案例分析讲解神经网络。

## 15.1 神经网络的基础知识

### 15.1.1 生物神经网络

神经网络（也称为人工神经网络）算法是 20 世纪 80 年代机器学习界非常流行的算法，不过在 90 年代中途衰落。现在携着"深度学习"之势，神经网络重新归来，成为最强大的机器学习算法之一。

人工神经网络是一种模仿生物神经网络结构和功能的数学模型或计算模型，神经网络由大量的人工神经元联结进行计算，其来源于生物，本节通过吴增祖老师讲述的生物神经网络的基础知识进行引入。

人的大脑外层像一个大核桃，紧密压缩着几十亿个被称作 nenuron（神经细胞、神经元）的微小细胞，人脑大约包含 100 亿个这样的微小处理单元。每个神经细胞都长着一根像电线一样的轴突（axon）的东西，用来将信息传递给其他的神经细胞，一个神经细胞通过轴突和突触（sunapse）把产生的信息送到其他神经细胞。树突由细胞体向各个方向长出，用来接收信息，如图 15-1 所示。

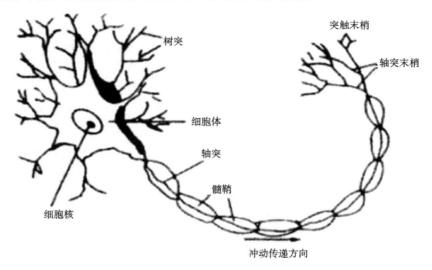

图 15-1　神经细胞

　　神经细胞通过轴突将信号传递给其他神经细胞，通过树突接受各个方向的信号。神经细胞利用电-化学过程交换信号。输入信号来自另一些神经细胞。这些神经细胞的轴突末梢（也就是终端）和本神经细胞的树突相遇形成突触，信号就从树突上的突触进入本细胞。

　　信号在大脑中实际的传输是一个相当复杂的过程，但对于我们而言，重要的是把它看作和现代的计算机一样，利用一系列的 0 和 1 来进行操作。也就是说，大脑的神经细胞也只有两种状态：兴奋和不兴奋（即抑制）。神经细胞利用一种我们还不知道的方法，把所有从树突突触上进来的信号进行相加，如果全部信号的总和超过某个阈值，就会激发神经细胞进入兴奋状态，这时就会有一个电信号通过轴突发送出去给其他神经细胞。如果信号总和没有达到阈值，神经细胞就不会兴奋起来。这样的解释有点过分简单化，但已能满足我们的目的。

　　人类的人脑具有以下几个特点：

　　（1）能实现无监督的学习。大脑能够自己进行学习，而不需要导师的监督教导。如果一个神经细胞在一段时间内受到高频率的刺激，则它和输入信号的神经细胞之间的连接强度就会按某种过程改变，使得该神经细胞下一次受到激励时更容易兴奋。

　　（2）对损伤有冗余性。大脑即使有很大一部分受到了损伤，它仍然能够执行复杂的工作。

（3）处理信息的效率极高。神经细胞之间电-化学信号的传递，与一台数字计算机中 CPU 的数据传输相比，速度是非常慢的，但因神经细胞采用了并行的工作方式，大脑能够同时处理大量的数据。例如，大脑视觉皮层处理通过视网膜输入的图像信号，大约只要 100 毫秒的时间就能完成，眼睛并发执行。

（4）善于归纳推广。大脑和数字计算机不同，它极擅长的事情之一就是模式识别，并能根据已熟悉信息进行归纳推广。例如，我们能够阅读他人所写的手稿上的文字，即使我们以前从来没见过他所写的东西。

（5）它是有意识的。所以，人工神经网络是模拟生物神经网络而产生的。

## 15.1.2　人工神经网络

人工神经网络就是要在当代数字计算机现有规模的约束下，来模拟大量的并行运算，并在实现这一工作时，使它能显示许多和人或动物大脑类似的特性。

上面我们看到了生物的大脑是由许多神经细胞组成的，同样地，模拟大脑的人工神经网络是由许多叫做人工神经细胞（也称为人工神经原或人工神经元）的细小结构模块组成的。人工神经细胞就像真实神经细胞的一个简化版，但其采用了电子方式来模拟实现。

图 15-2 是整个神经网络的发展历程。

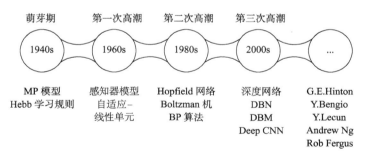

图 15-2　神经网络发展历程

图 15-3 表示的是一个人工神经细胞。其中，输入（Input）对应的权重（Weight）为左边 5 个小圆；字母 $w$ 代表浮点数；激励函数（activation function）为大圆，所有经过权重调整后的输入加起来，形成单个的激励值；输出（Output）对应神经细胞的输出。

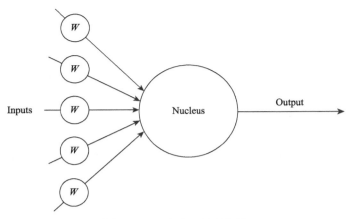

图 15-3　一个人工神经细胞

　　进入人工神经细胞的每一个 Input（输入）都与一个权重 $w$ 相联系，正是这些权重，将决定神经网络的整体活跃性。假设权重为-1 到 1 之间的一个随机数，权重可正可负（激发和抑制作用）。当输入信号进入神经细胞时，它们的值将与它们对应的权重相乘，作为图中大圆的输入。如果激励值超过某个阈值（假设阈值为 1.0），就会产生一个值为 1 的信号输出；如果激励值小于阈值 1.0，则输出一个 0。这是人工神经细胞激励函数的一种最简单的类型。涉及的数学知识如下所示。

　　一个人工细胞有任意 $n$ 个输入，即

$$x_1, x_2, x_3, \cdots, x_n$$

同样，$n$ 个权重可表达为

$$w_1, w_2, w_3, \cdots, w_n$$

激励值就是所有输入与它们对应权重的乘积之和，即

$$a = w_1 x_1 + w_2 x_2 + w_3 x_3 + \cdots + w_n x_n$$

神经网络的各个输入及权重设置都可以看成一个 $n$ 维向量。这段代码如下。

```
double activation = 0;
for（int i=0；i<n；i++）
{
    Activation += x[i] * w[i];
}
```

　　如果最后计算的结果激励值大于阈值 1.0，则神经细胞就输出 1；如果激励值小于阈值 1.0，则输出 0。这和一个生物神经细胞的兴奋状态或抑制状态是等价的。

此时，我们知道了什么是神经网络，那么它的作用是什么呢？

### 15.1.3　神经网络的用途

大脑里的生物神经细胞和其他的神经细胞是相互连接在一起的，为了创建一个人工神经网络，人工神经细胞也要以相同的方式相互连接在仪器上，因此可以有许多不同的连接方式。其中最容易理解并且也是最广泛使用的是前馈神经网络（feedforward neural network，简称前馈网络），把神经细胞一层一层地连接在一起，如图 15-4 所示。

前馈网络是人工神经网络的一种。在此种神经网络中，各神经元从输入层开始，接收前一级输入，并输入下一级，直至输出层。整个网络中无反馈，可用一个有向无环图表示。前馈神经网络是最早被提出的人工神经网络，也是最简单的人工神经网络类型。按照前馈神经网络的层数不同，可以将其划分为单层前馈神经网络和多层前馈神经网络。常见的前馈神经网络有感知机（perceptrons）、BP（back propagation）网络、RBF（radial basis function）网络等。

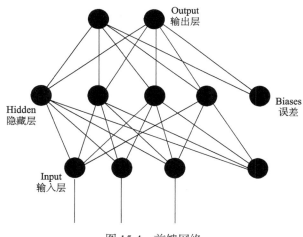

图 15-4　前馈网络

前馈网络名称的由来是因为网络的每一层神经细胞的输出都向前馈送，在图中向上馈送，图 15-4 中神经网络共有三层：①Input（输入层）；②Hidden（隐藏层）；③Output（输出层）。

输入层中的每个输入都馈送到了隐藏层，作为该层每一个神经细胞的输入；然后，从隐藏层的每个神经细胞的输出都连到了它下一层（即输出层）的每一个神经细胞。

需要注意的是：图 15-4 中仅仅画了一个隐藏层，而前馈网络一般可以有任意多个隐藏层。事实上，有一些问题甚至根本不需要任何隐藏单元，只要把那些输入直接连接到输出神经细胞就行了。同时，每一层实际都可以有任意数目的神经细胞，这完全取决于要解决的问题的复杂性。但神经细胞数目越多，网络的工作速度也就越低，网络的规模总是要求尽可能小。

　　下面是一个实际的例子。如图 15-5 所示，假设有一个 8×8 个各自组成一块的面板，每个格子里放了一个小灯，现在需要在面板上显示 10 个数字符号的数字 4，该怎么实现呢？

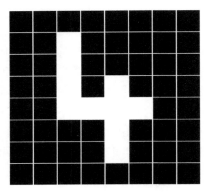

图 15-5　显示结果

　　解决方法是设计一个神经网络，以它接收面板的状态作为输入，然后输出 1 或 0；输出 1 代表人工神经网络确认已显示数字 4，而输出 0 表示没有显示数字 4。该神经网络需要 64 个输入和由许多神经细胞组成的一个隐藏层，有且仅有一个神经细胞的输出层，隐藏层的所有输出都馈送给它。

　　神经网络体系创建成功后，它必须接受训练来认出数字 4，其方法步骤如下。

　　（1）先把神经网络的所有权重初始化为任意值。

　　（2）然后给它一系列输入值，代表面板不同配置的输入，对每种输入进行配置，检查它的输出是什么，并调整相应的权重。

　　（3）如果我们给神经网络的输入模式不是 4，则我们的神经网络应该输出一个 0。因此输入每个非 4 字符时，神经网络权重应进行调整，使得它的输出趋向于 0；当代表 4 的模式输送给神经网络时，则应把权重调整到使其输出趋向于 1 的状态。

　　（4）我们可以进一步识别 0 到 9 的所有数字或字母，其本质是手写识别的工作原理。

　　（5）最后，神经网络不仅能认识已经训练的笔迹，还显示出显著的归纳和推广能力。

　　正是这种归纳推广能力，使得神经网络已经成为能够用于无数应用的一种无价的工具，这包括从人脸识别、医学诊断、到跑马赛的预测，再到电脑游戏中角色机器人的导航、硬件的 robot（真正的机器人）的导航等。

图 15-6 演示了神经网络在图像识别领域的一个著名应用，这个程序叫做 LeNet，是一个基于多个隐层构建的神经网络。通过 LeNet 可以识别多种手写数字，并且达到很高的识别精度并拥有较好的鲁棒性。LeNet 的发明人是机器学习的专家 Yann LeCun。

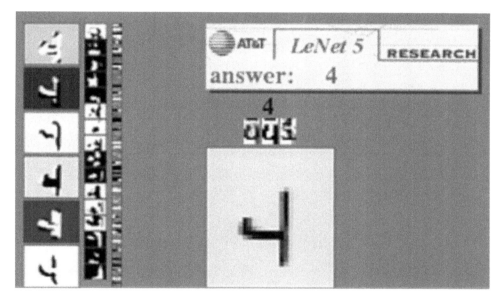

图 15-6　神经网络训练

图 15-6 中间部分的方形中显示的是输入计算机的图像，方形上方的字样 "answer" 后面显示的是计算机的输出。左边的三条竖直的图像列显示的是神经网络中三个隐藏层的输出，可以看出，随着层次的不断深入，层次越深，处理的细节越低，如层 3（Layer-3）处理的都已经是线的细节了。

这种类型的训练称作有监督学习，用来训练的数据称为训练集（training set），调整权重可以采用许多不同的方法。对于本类问题，最常用的方法就是反向传播（back propagation，简称 backprop 或 BP）方法，即 BP 神经网络。

## 15.2　神经网络的 Python 简单实现

下面介绍 Python 简单实现神经网络的例子，参考 iamtrask。

如下代码是非常简单的神经网络实现例子，共 12 行。

```
import numpy as np
X = np.array（[ [0，0，1]，[0，1，1]，[1，0，1]，[1，1，1] ]）
y = np.array（[[0，1，1，0]]）.T
syn0 = 2*np.random.random（（3，4））－1
syn1 = 2*np.random.random（（4，1））－1
for j in xrange（60000）：
    l1 = 1/（1+np.exp（－（np.dot（X，syn0）））)
    l2 = 1/（1+np.exp（－（np.dot（l1，syn1）））)
    l2_delta = （y－l2）*（l2*（1－l2））
    l1_delta = l2_delta.dot（syn1.T）*（l1 *（1－l1））
    syn1 += l1.T.dot（l2_delta）
    syn0 += X.T.dot（l1_delta）
```

一个用 BP 算法训练的神经网络尝试着用输入去预测输出，如图 15-7 所示，通过 3 个输入值来预测 1 个输出值。

| Inputs | | | Output |
| --- | --- | --- | --- |
| 0 | 0 | 1 | 0 |
| 1 | 1 | 1 | 1 |
| 1 | 0 | 1 | 1 |
| 0 | 1 | 1 | 0 |

图 15-7　数据集

考虑以上情形，给定三列输入，试着去预测对应的一列输出。我们可以通过简单测量输入与输出值的数据来解决这一问题。这样一来，我们可以发现最左边的一列输入值和输出值是完美匹配/完全相关的。从直观意义上来讲，反向传播算法便是通过这种方式来衡量数据间的统计关系进而得到模型的。下面直入正题，动手实践。

代码是两层神经网络，如下所示。

```python
import numpy as np

# sigmoid function
def nonlin ( x, deriv=False ) :
    if ( deriv==True ) :
        return x* ( 1−x )
    return 1/ ( 1+np.exp ( −x ) )

# input dataset
X = np.array ( [  [0, 0, 1],
                  [0, 1, 1],
                  [1, 0, 1],
                  [1, 1, 1]] )

# output dataset
y = np.array ( [[0, 0, 1, 1]] ) .T

# seed random numbers to make calculation
# deterministic ( just a good practice )
np.random.seed ( 1 )

# initialize weights randomly with mean 0
syn0 = 2*np.random.random ( ( 3, 1 ) ) −1

for iter in xrange ( 10000 ) :
    # forward propagation
    l0 = X
    l1 = nonlin ( np.dot ( l0, syn0 ) )

    # how much did we miss?
    l1_error = y−l1
```

```
    # multiply how much we missed by the
    # slope of the sigmoid at the values in l1
    l1_delta = l1_error * nonlin（l1， True）

    # update weights
    syn0 += np.dot（l0.T， l1_delta）
print "Output After Training： "
print l1
```

输出结果如图 15-8 所示。

```
>>> ================================
>>>
Output After Training:
[[ 0.00966449]
 [ 0.00786506]
 [ 0.99358898]
 [ 0.99211957]]
>>>
```

图 15-8　输出结果

代码中的变量定义说明如表 15-1 所示。

**表 15-1　变量定义说明**

| 变量 | 定义说明 |
| --- | --- |
| $X$ | 输入数据集，形式为矩阵，每 1 行代表 1 个训练样本 |
| $y$ | 输出数据集，形式为矩阵，每 1 行代表 1 个训练样本 |
| l0 | 网络第 1 层，即网络输入层 |
| l1 | 网络第 2 层，常称作隐藏层 |
| syn0 | 第一层权值，突触 0，连接 l0 层与 l1 层 |
| * | 逐元素相乘，故两等长向量相乘等同于其对等元素分别相乘，结果为同等长度的向量 |
| - | 元素相减，故两等长向量相减等同于其对等元素分别相减，结果为同等长度的向量 |
| $x$.dot（$y$） | 若 $x$ 和 $y$ 为向量，则进行点积操作；若均为矩阵，则进行矩阵相乘操作；若其中之一为矩阵，则进行向量与矩阵相乘操作 |

当输入和输出均为 1 时，我们增加它们间的连接权重；当输入为 1 而输出为 0 时，我们减小其连接权重。因此，在图 15-7 中的 4 个训练示例中，第一个输入结点与输出节点间的权值将持续增大或者保持不变，而其他两个权值在训练过程中表现为同时增大或者减小（忽略中间过程），这种现象便使得网络能够基于输入与输出间的联系进行学习。

# 15.3　Python 神经网络工具包

基于 Python 的神经网络工具包和框架主要包括 PyBrain、Theano、Pylearn2、Blocks 等，本节主要讲述 Pybrain 的安装过程及使用方法。

## 15.3.1　神经网络工具包及框架

1. PyBrain

PyBrain 是 Python 的一个机器学习模块，它的目标是为机器学习任务提供灵活、易应、强大的机器学习算法。PyBrain 正如其名，包括神经网络、强化学习（及二者结合）、无监督学习、进化算法。因为目前的许多问题需要处理连续态和行为空间，必须使用函数逼近（如神经网络）以应对高维数据。PyBrain 以神经网络为核心，所有的训练方法都以神经网络为一个实例。

官方网址：http://www.pybrain.org/。

2. Theano

Theano 是一个强大的库，从简单的 logistic 回归到建模并生成音乐和弦序列，或是使用长短期记忆人工神经网络，对电影收视率进行分类。Theano 大部分代码是使用 Cython 编写，Cython 是一个可编译为本地可执行代码的 Python 方言，与仅仅使用解释性 Python 语言相比，它能够使运行速度快速提升。最重要的是，很多优化程序已经集成到 Theano 库中，它能够优化计算量并让运行时间保持最低。

官方网址：http://deeplearning.net/software/theano/。

3. Pylearn2

Pylearn2 和 Theano 由同一个开发团队开发，Pylearn2 是一个机器学习库，它把深度学习和人工智能研究等许多常用的模型以及训练算法封装成一个单一的实验包，如随机梯度下降。我们可以很轻松地围绕自己的类和算法编写一个封装程序，为了能让它在 Pylearn2 上运行，我们需要在一个单独的 YAML 格式的配置文件中配置整个神经网络模型的参数。

官方网址：http://deeplearning.net/software/pylearn2/。

4. Blocks

Blocks 是一个非常模块化的框架，有助于我们在 Theano 上建立神经网络。目前它支持并提供的功能如下。

（1）构建参数化 Theano 运算，称之为"bricks"。

（2）在大型模型中使用模式匹配来选择变量以及"bricks"。

（3）使用算法优化模型。

（4）训练模型的保存和恢复。

（5）在训练过程中检测和分析值（训练集以及测试集）。

（6）图形变换的应用，如 dropout。

Github 网址：https://github.com/mila-udem/blocks。

本书主要讲解 PyBrain 的使用方法。

## 15.3.2　PyBrain 安装过程

PyBrain 安装主要通过 pip 命令实现。

第一步：打开 cmd 命令行，并去到 Python 安装环境，笔者的是"C:\python27\Scripts"。

第二步：输入命令"pip install pybrain"，如图 15-9 所示。

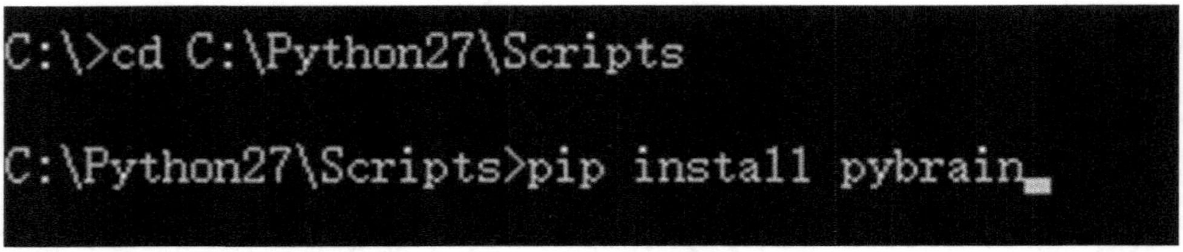

图 15-9　安装过程

第三步：安装成功，如图 15-10 所示，出现"Successfully installed…"表示成功。

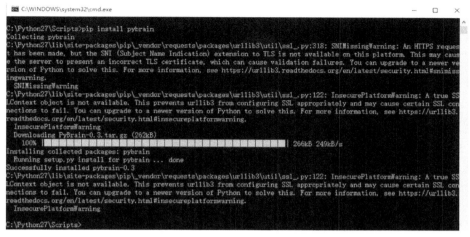

图 15-10　安装成功

第四步：测试代码，只要能够导入神经网络包即表示成功，如图 15-11 所示。

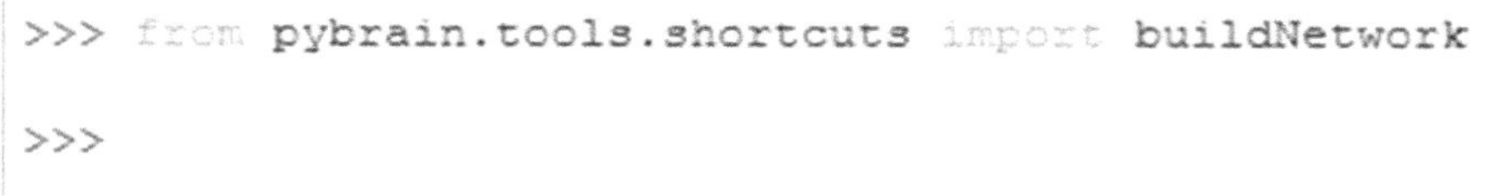

```
>>> from pybrain.tools.shortcuts import buildNetwork
>>>
```

图 15-11　导入成功

## 15.3.3　PyBrain 基本用法

### 1. 构件一个神经网络

>>> from pybrain.tools.shortcuts import buildNetwork
>>> net = buildNetwork（2，3，1）
这条语句返回一个包含 2 个输入节点、3 个隐层节点、1 个输出节点的网络，并且是全连接。

### 2. 激活一个神经网络

此时神经网络已经随机初始化了，所以我们可以计算输出值。
>>> net.activate（[2，1]）
array（[-0.98646726]）
输入为列表、三元组或者数组形式。例如，输入为[2，1]，神经网络激活后，得到的结果为[-0.98646726]。

### 3. 检测网络的结构

使用 buildNetwork 构建的网络默认为：

```
>>> net['in']
<LinearLayer 'in'>
>>> net['hidden0']
<SigmoidLayer 'hidden0'>
>>> net['out']
<LinearLayer 'out'>
```

注意隐层是有标号的。

### 4. 更复杂的网络

设置隐层激活函数的类型：

```
>>> from pybrain.structure import TanhLayer
>>> net = buildNetwork（2，3，1，hiddenclass=TanhLayer）
>>> net['hidden0']
<TanhLayer 'hidden0'>
```

设置输出层的类型：

```
>>> from pybrain.structure import SoftmaxLayer
>>> net = buildNetwork（2，3，2，hiddenclass=TanhLayer，outclass=SoftmaxLayer）
>>> net.activate（（2，3））
array（[ 0.6656323，　0.3343677]）
```

加偏置：

```
>>> net = buildNetwork（2，3，1，bias=True）
>>> net['bias']
<BiasUnit 'bias'>
```

### 5. 构建一个数据集

使用 pybrain.dataset 包和 SupervisedDataSet。

```
>>> from pybrain.datasets import SupervisedDataSet
>>> ds = SupervisedDataSet（2，1）
```

这里，我们构建了一个拥有 2 维的输入和 1 维的目标输出的数据集。

添加样本：

```
>>> ds.addSample（（0，0），（0，））
```

```
>>> ds.addSample（（0，1），（1，））
>>> ds.addSample（（1，0），（1，））
>>> ds.addSample（（1，1），（0，））
```

检测数据集：

1）检测数据集的大小

```
>>> len（ds）
4
```

2）输出数据集

```
>>> for inpt，target in ds：
...     print inpt，target
...
[ 0.   0.] [ 0.]
[ 0.   1.] [ 1.]
[ 1.   0.] [ 1.]
[ 1.   1.] [ 0.]
```

或

```
>>> ds['input']
array（[[ 0.，   0.]，
        [ 0.，   1.]，
        [ 1.，   0.]，
        [ 1.，   1.]]）
>>> ds['target']
array（[[ 0.]，
        [ 1.]，
        [ 1.]，
        [ 0.]]）
```

3）清空数据集

```
>>> ds.clear（）
>>> ds['input']
array（[]，shape=（0，2），dtype=float64）
>>> ds['target']
array（[]，shape=（0，1），dtype=float64）
```

6. 训练

使用 BP 算法。

```
>>> from pybrain.supervised.trainers import BackpropTrainer
>>> net = buildNetwork（2，3，1，bias=True，hiddenclass=TanhLayer）
>>> trainer = BackpropTrainer（net，ds）
>>> trainer.train（）
0.31516384514375834
```

上述代码将调用神经网络训练一个完成的 epoch，结果返回误差。

如果我们想训练网络直至收敛，有另外一种方法：

```
>>> trainer.trainUntilConvergence（）
```

# 15.4　案例分析：使用神经网络训练

神经网络的代码如下所示。

```
import numpy as np
from pybrain.datasets import SupervisedDataSet
from pybrain.supervised.trainers import BackpropTrainer
from pybrain.tools.shortcuts import buildNetwork
from pybrain.structure.modules import TanhLayer
fnn=buildNetwork（2，30，8，1，bias=True）#第一个 2 是输入层的数据
元（简单理解为有几个变量），第四个 1 是输出层的数据元（简单理解为因变
量的个数）
train=np.array（[0，1，2，4，5，6，7，8]）#第一个自变量向量
train2=np.array（[1，2，3，5，6，7，8，9]）#第二个自变量向量
label=np.array（[100，201，302，504，605，706，807，908]）#因变量
tmax=train.max（）#归一化
tmin=train.min（）
train=（train−tmin）*1.0/（tmax−tmin）
tmin2=train2.min（）
tmax2=train2.max（）
train2=（train−tmin2）*1.0/（tmax2−tmin2）
lmax=label.max（）;
```

```
        lmin=label.min（）;
        label=（label-lmin）*1.0/（lmax-lmin）
        ds=SupervisedDataSet（2, 1）
        for i in range（len（train））:
            ds.addSample（[train[i], train2[i]], [label[i]]）
        x=ds['input']//这里可以输出看看输入层的数据和输出层的数据（也可以
省略）
        y=ds['target']
        print x
        print y
        trainer=BackpropTrainer（fnn, ds, momentum=0.1, verbose=True,
learningrate=0.1）
        trainer.trainEpochs（epochs=100）#迭代次数
        train=np.array（[0, 1, 2, 4, 5, 6, 7, 8]）
        train2=np.array（[1, 2, 3, 5, 6, 7, 8, 9]）
        label=np.array（[100, 201, 302, 504, 605, 706, 807, 908]）
        train=np.hstack（（train, np.array（[3]）））#添加自变量 1 为 3
        print train
        train2=np.hstack（（train2, np.array（[4]）））#添加自变量 2 为 4
        label=np.hstack（（label, np.array（[403]）））#添加因变量为 403（4×100+3）
        tmax=train.max（）
        tmin=train.min（）
        train=（train-tmin）*1.0/（tmax-tmin）
        tmin2=train2.min（）
        tmax2=train2.max（）
        train2=（train2-tmin2）*1.0/（tmax2-tmin2）
        lmax=label.max（）;
        lmin=label.min（）;
        label=（label-lmin）*1.0/（lmax-lmin）
        out=SupervisedDataSet（2, 1）
        for i in range（len（train））:
            out.addSample（[train[i], train2[i]], [label[i]]）
        out =fnn.activateOnDataset（out）
        train=np.array（[0, 1, 2, 4, 5, 6, 7, 8]）
        train2=np.array（[1, 2, 3, 5, 6, 7, 8, 9]）
```

```
out=out*（lmax−lmin）+lmin#求得原始数据
print   out
```

输出结果如图 15-12 所示。

```
[0 1 2 4 5 6 7 8 3]
[[  99.366967  ]
 [ 185.46972226]
 [ 288.55054607]
 [ 507.43356406]
 [ 610.13186177]
 [ 705.78581279]
 [ 795.1732727 ]
 [ 879.45987365]
 [ 398.71870232]]
>>>
```

图 15-12　输出结果

# 参 考 文 献

陈孟婕. 2013. 数据质量管理与数据清洗技术的研究与应用[D]. 北京邮电大学硕士学位论文.

方幼林，杨冬青，唐世渭，等. 2003. 数据转换过程的串行化方法[J]. 计算机工程与应用，（17）：3-7.

高军，陈锡先. 1997. 无监督的动态分词方法[J]. 北京邮电大学学报，20（4）：66-69.

郭志懋，周傲英. 2002. 数据质量和数据清洗研究综述[J]. 软件学报，13（11）：2076-2081.

韩京宇，胡孔法，徐立臻，等. 2005. 一种在线数据清洗方法[J]. 应用科学学报，23（3）：292-296.

李家福，张亚非. 2002. 基于 EM 算法的汉语自动分词方法[J]. 情报学报，21（3）：269-272.

王伟，钟义信，孙建，等. 2001. 一种基于 EM 非监督训练的自组织分词歧义解决方案[J]. 中文信息学报，15（2）：38-44.

徐明，高翔，许志刚，等. 2014. 基于改进卡方统计的微博特征提取方法[J]. 计算机工程与应用，50（19）：113-117.

许玉赢. 2014-04-20. 常用的开源中文分词工具[EB/OL]. http://www.scholat.com/vpost.html?pid=4477.

叶鸥，张璟，李军怀. 2012. 中文数据清洗研究综述[J]. 计算机工程与应用，48（14）：121-129.

Frey B J，Dueck D. 2007. Clustering by passing messages between data points[J]. Science，315（5814）：972-976.

Fukunaga K，Hostetler L D. 1975. The estimation of the gradient of a density function，with applications in pattern recognition[J]. IEEE Transactions on Information Theory，21（1）：32-40.